AF551410

EUL
VERLAG

Reihe: Marketing · Band 73

Herausgegeben von Prof. Dr. Heribert Gierl, Augsburg, Prof. Dr. Roland Helm, Regensburg, Prof. Dr. Frank Huber, Mainz, und Prof. Dr. Henrik Sattler, Hamburg

Prof. Dr. Frank Huber
Cecile Kornmann
Elif Köksecen

Kulturbasierte Präferenzunterschiede im Kaufentscheidungsprozess

Eine vergleichende empirische Studie am Beispiel türkischstämmiger Migranten in Deutschland

Bibliografische Information der Deutschen Nationalbibliothek

Die Deutsche Nationalbibliothek verzeichnet diese Publikation in der Deutschen Nationalbibliografie; detaillierte bibliografische Daten sind im Internet über <http://dnb.d-nb.de> abrufbar.

ISBN 978-3-8441-0454-7
1. Auflage April 2016

JOSEF EUL VERLAG GmbH
Brandsberg 6
53797 Lohmar
Tel.: 0 22 05 / 90 10 6-6
Fax: 0 22 05 / 90 10 6-88
E-Mail: info@eul-verlag.de
http://www.eul-verlag.de

Bei der Herstellung unserer Bücher möchten wir die Umwelt schonen. Dieses Buch ist daher auf säurefreiem, 100% chlorfrei gebleichtem, alterungsbeständigem Papier nach DIN 6738 gedruckt.

Vorwort

Die zunehmende Globalisierung stellt immer größere Anforderungen an Marketing Manager. Fortwährende gesellschaftliche Veränderungen und daraus sich ergebende Markttrends müssen zeitnah beobachtet, identifiziert und auf Unternehmensseite praktisch umgesetzt werden. Multikulturelle Gesellschaften schaffen für Leistungsanbieter besondere Herausforderungen. Produkte, Preise, Kommunikationsinstrumente und Distributionswege müssen an teilweise extrem differenzierte Kundenwünsche angepasst werden. Die Kaufentscheidungsprozesse der Konsumenten können dabei maßgeblich unterschiedlich ablaufen. Erkenntnisse aus der Forschungsrichtung des Ethno-Marketings warnen deshalb vor einer homogenen Produktvermarktung in multikulturellen Gesellschaften. Mithilfe dieser Studie soll eine Antwort auf die Frage geliefert werden, ob sich die in Deutschland größte Migrantengruppe der Türkischstämmigen hinsichtlich des Kaufentscheidungsprozesses von den Nicht-Migranten unterscheidet. Speziell interessieren vor allem zwei Aspekte bei der Kaufentscheidung. Erstens: Bestehen möglicherweise verschiedene Präferenzen der Konsumenten für bestimmte Informationsquellen, die Wissen über das gewünschte Produkt oder die Dienstleistung bereitstellen sollen? Und zweitens: Existieren ferner seitens der Konsumenten Präferenzen hinsichtlich der Verkaufsberater? Eine varianzanalytische Untersuchung soll Antworten auf die formulierten Forschungsfragen liefern. Das hierfür verwendete Modell berücksichtigt daher die Herkunft des Individuums, die Informationsquelle und die Verkäuferorientierung, um den Verkaufsprozess realitätsnah abbilden zu können.

Aus den Ergebnissen lassen sich wertvolle Implikationen ableiten. Die türkischstämmigen Migranten präferieren personelle Informationsquellen und äußern dies in einer gesteigerten Kaufabsicht. Zudem bevorzugt diese Konsumentengruppe, im Vergleich zu einheimischen Konsumenten, relational-orientierte Verkäufertypen. Angesichts aktueller Entwicklungen und einer wachsenden Kulturen-Vielfalt in Deutschland besitzen die Ergebnisse besondere Relevanz und bieten eine Basis für weitere dringend erforderliche Forschung in diesem Themengebiet.

Mainz, im Februar 2016

Frank Huber

Cecile Kornmann

Elif Köksecen

Inhaltsverzeichnis

Abbildungsverzeichnis

Tabellenverzeichnis

Abkürzungsverzeichnis

AG	Aktiengesellschaft
ANOVA	analysis of variance (Univariate Varianzanalyse)
ARD	Arbeitsgemeinschaft der öffentlich-rechtlichen Rundfunkanstalten der Bundesrepublik Deutschland
BMBF	Bundesministerium für Bildung und Forschung
bspw.	beispielsweise
bzgl.	bezüglich
bzw.	beziehungsweise
d.h.	das heißt
D_Infoqu	Dummy Infoquelle
D_Infoquelle	Dummy Infoquelle
D_Pers	Dummy Persönlichkeit
D_Verkäufer	Dummy Verkäufer
et al.	et alii
etc.	et cetera
f.	folgende
ff.	fortfolgende
GmbH	Gesellschaft mit beschränkter Haftung
GmbH & Co. KG	Gesellschaft mit beschränkter Haftung & Compagnie Kommanditgesellschaft
IBM	International Business Machines Corporation
KA	Kaufabsicht
MANOVA	multivariate analysis of variance (Multivariate Varianzanalyse)
o.S.	ohne Seite
OECD	Organisation for Economic Co-operation and Development
S.	Seite
Sig.	Signifikanz
SPSS	Statistical Package for the Social Sciences
TDU	Türkisch-Deutsche Universität
USA	United States of America (Vereinigte Staaten von Amerika)
usw.	und so weiter

WA	Weiterempfehlungsabsicht
WVS	World Values Survey
z. B.	zum Beispiel
ZDF	Zweites Deutsches Fernsehen

1 Zur Relevanz der kulturell differenzierten Konsumentenansprache

Durch die Immigration von Gruppen aus verschiedenen Kulturkreisen und Herkunftsländern ist die Bundesrepublik Deutschland zu einem multikulturellen Zuwanderungsland geworden (Coskun, 2011, S. 5). Laut aktueller OECD-Studie ist Deutschland nach den Vereinigten Staaten von Amerika das zweit beliebteste Einwanderungsland, wie in *Abbildung 1* zu sehen ist. Während Deutschland im Jahr 2007 noch etwa 232.800 Zuwanderer aufwies, stieg diese Zahl im Jahr 2012 auf circa 399.900.[1] Als Grund für diesen Trend sieht die OECD hauptsächlich das wirtschaftliche Wachstum Deutschlands der vergangenen Jahre (OECD, 2014, S. 1 ff.). Zurückzuführen ist dies auf die zahlreichen Anwerbeabkommen, die zwischen der Bundesrepublik Deutschland und anderen Staaten vereinbart wurden. Nach Italien, Spanien und Griechenland wurde am 30. Oktober 1961 ein Anwerbeabkommen zwischen Deutschland und der Türkei geschlossen.

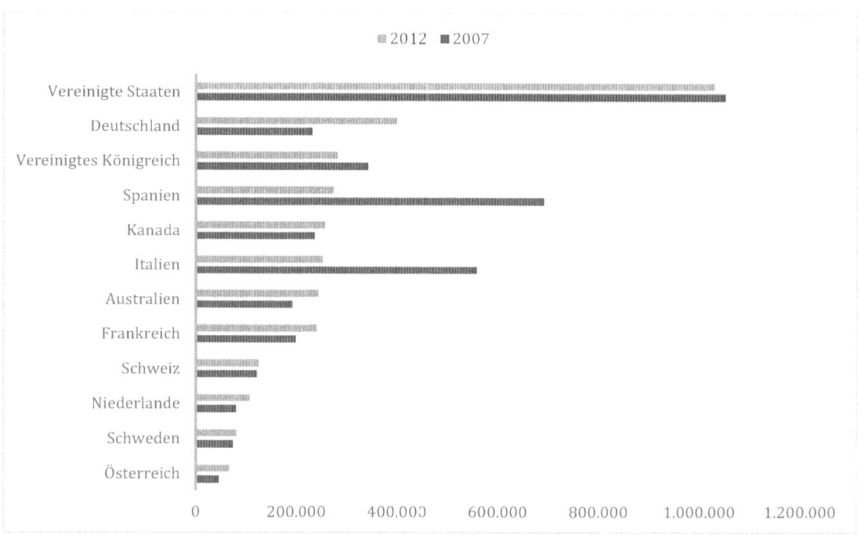

Abbildung 1: Dauerhafte Migration in die OECD Länder, 2012 vs. 2007 [2]

[1]Die OECD zählt dabei alle Zuwanderer in die Statistik, die mindestens ein Jahr nach der Zuwanderung in Deutschland blieben. Studenten sind davon ausgenommen.

[2] Eigene Darstellung in Anlehnung an Die Welt (www.welt.de).

Diese deutsch-türkische Vereinbarung stellte den Grundsatz für das Entsenden türkischer Arbeitnehmer in die Bundesrepublik Deutschland dar (Bundesarbeitsblatt, 1962, S. 69 ff.). Insbesondere aufgrund der enormen differierenden Arbeitsmöglichkeiten nach dem zweiten Weltkrieg entwickelte sich Deutschland dabei zu einem begehrten Einwanderungsland. Der Einwanderungsschub bestand primär aus bildungsfernen und ungelernten Arbeitern. In den 1970er Jahren entwickelte sich die Einwanderung von Arbeitskräften zunehmend zu einer Immigration von Familien, da eine Vielzahl der Arbeitnehmer ihre Angehörigen in das Gastland brachten, um sich dort eine nachhaltige Existenz aufzubauen. Seither entwickelte sich dieser Migrationsschub fort, veränderte seine Daseinsform und wurde vielseitiger (Coskun, 2011, S. 22). Das Resultat sind die heute in Deutschland lebenden türkischstämmigen Migranten, die die folgenden zentralen Eigenschaften aufweisen:

- Das Durchschnittsalter ist deutlich geringer als das der Einheimischen. Rund 25 Prozent aller türkischstämmigen Migranten sind jünger als 15 Jahre und lediglich 6 Prozent sind älter als 64 Jahre.
- Familien sind kinderreicher: Während türkischstämmige Familien durchschnittlich 1,8 Kinder bekommen, sind es bei Deutschen durchschnittlich 1,3 Kinder.
- Der Kinderreichtum zeigt sich außerdem bei der Anzahl von Haushalten mit minderjährigen Kindern: Machen diese Haushalte bei Einheimischen 27 Prozent der Gesamthaushalte aus, so sind es bei türkischen Haushalten hingegen 58 Prozent.
- Der Bildungsstand der Türkischstämmigen ist zwar geringer als der der Einheimischen, allerdings ist in den letzten Jahren ein Anstieg des Bildungsstandes erkennbar. (Woellert & Klingholz, 2014, S. 4 ff.).

Insgesamt leben laut Statistischem Bundesamt in Deutschland circa drei Millionen türkischstämmige Migranten. Sie stellen damit die größte Gruppe der in Deutschland lebenden Menschen mit Migrationshintergrund dar, gefolgt von Personen aus Polen, Russland, Kasachstan, Italien, Rumänien, Griechenland, Kroatien, Serbien, Ukraine, Bosnien und Herzegowina. *Abbildung 2* veranschaulicht die Verteilung der in Deutschland lebenden Menschen mit Migrationshintergrund.

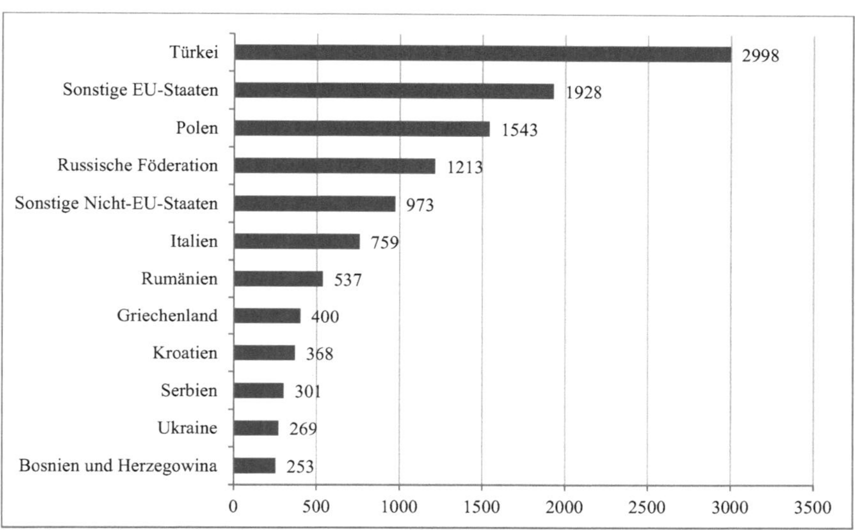

Abbildung 2: In Deutschland lebende Menschen mit Migrationshintergrund (in 1000) [3]

Aufgrund der Vielzahl der türkischstämmigen Migranten initiieren Institutionen zahlreiche Aktivitäten, die die gute deutsch-türkische Beziehung zum Ausdruck bringen sollen. Ende 2013 hat sich das Bundesministerium für Bildung und Forschung bspw. dazu entschlossen, die Türkei als Partner des Internationalen Wissenschaftsjahres 2014 auszuwählen. Bei diesem deutsch-türkischen Jahr der Forschung, Bildung und Innovation handelt es sich um ein Projekt der bilateralen Zusammenarbeit, dessen Ziel es sein soll, die besondere Bedeutung der Zusammenarbeit beider Länder zu unterstreichen und die Kooperation weiter auszubauen (BMBF, 2013, S. 1 ff.). Am 29. April 2014 wurde auf Basis der Kooperation beider Länder in den Gebieten Bildung, Wissenschaft und Forschung die Türkisch-Deutsche Universität (TDU) in Istanbul eröffnet (BMBF, 2014, S. 1 ff.).

Die enge historische, als auch wirtschaftliche Verzahnung der beiden Länder legt nahe, dass daraus weitere Synergieeffekte entstehen können. Die Ethno-Marketing Agentur *BEYS marketing & media GmbH* beziffert die Kaufkraft der etwa drei Millionen in Deutschland lebenden

[3] Eigene Darstellung in Anlehnung an Statistisches Bundesamt (2013, S.55).

Türken auf ungefähr 20 Milliarden Euro. Die zweite und dritte Generation türkischstämmiger Migranten verfolgt laut BEYS nicht mehr das primäre Ziel, finanzielle Mittel für ein Leben in der Türkei anzusparen, sondern konzentriert sich vielmehr darauf, in Deutschland zu konsumieren (www.beys.de). Dieser Umstand hat für Unternehmer zur Folge, dass sie die spezifischen Bedürfnisse dieser kulturell andersartigen Bevölkerungsgruppe der Türkischstämmigen nicht außer Acht lassen sollten. Laut *Palumbo & Teich* können kulturelle Unterschiedlichkeiten innerhalb eines Landes tiefgreifende Effekte auf die Marketing-Strategie eines Unternehmens haben (2004, S. 472).

Diese Form von bedürfnisgerechtem Marketing, das alle Anforderungen ethnischer Minderheiten in der Bevölkerung erfüllt, bezeichnet man gemeinhin als *Ethno-Marketing*. Es berücksichtigt das marktrelevante Agieren der fokussierten Unternehmung und beinhaltet die Entwicklung einer spezifischen Marketing-Strategie, die auf die Bedürfnisse der anzusprechenden ethnischen Bevölkerungsgruppe ausgerichtet ist. Von großer Bedeutung für die Formulierung von Marketing-Strategien, die sich an ethnischen Minderheiten ausrichten, sind sprachliche und inhaltliche Besonderheiten bzgl. der Mentalität, das Konsumverhalten und die Informationsverarbeitung der interessierenden Gruppierung (Gelbrich & Müller, 2004, S. 219).

Minderheiten-Marketing erfährt in Deutschland allerdings nur zögernd größere Beachtung, während es in den USA bereits seit den 1980er Jahren praktiziert wird. Je nach Herkunft werden Menschen mit Migrationshintergrund in den USA in unterschiedliche Gruppen eingeteilt. Es wird sodann untersucht, ob Menschen mit gleichartiger Herkunft bzw. Kultur ein homogenes Konsum- und Kommunikationsverhalten zeigen (Coskun, 2011, S. 5).

Gleichwohl die Verbreitung des Ethno-Marketings in Deutschland nur langsam voranschreitet, setzen sich einige Unternehmen bereits intensiver mit dem Ansatz auseinander. Als Vorreiter gelten etwa die Volkswagen AG oder die Deutsche Bank AG. Die Volkswagen AG weitete ab 2005 das in Berlin begonnene Projekt „Volkswagen Türkçe konuşuyor“[4] auf ganz Deutschland aus. Der Einsatz von zweisprachigen Verkaufsberatern in Volkswagen-Filialen soll die türkischstämmige Bevölkerung ansprechen und eine positive kommunikative Wirkung nach sich

[4] Frei übersetzt „Volkswagen spricht Türkisch“.

ziehen. Neben nationaler und lokaler Werbung über Printmedien gehören Radiowerbung, Online-Advertising, Public Relations sowie die finanzielle Unterstützung von Projekten und Veranstaltungen zu den zielgruppengerechten Maßnahmen. Kulturelle Ereignisse und türkische Feiertage werden bei der Maßnahmendurchführung berücksichtigt (www.volkswagen.de).

Die Deutsche Bank AG verfolgt einen ähnlichen Ansatz, geht aber bei dessen Bekanntmachung etwas weniger offensiv vor. Seit 2006 hat sich die Zahl der Deutsche Bank Filialen, in denen ein zusätzlicher Service namens „Bankamız“ angeboten wird,[5] auf 40 Filialen ausgeweitet. Ziel ist es ebenfalls, durch die Beschäftigung von zweisprachigen Beratern, die Türkisch sprechende Kundschaft gezielt anzusprechen. Diese ausgewählten Ansprechpartner sollen dabei spezifisch auf die Bedürfnisse ihrer türkischstämmigen Kunden eingehen und vor allem bei komplexeren Themen die Möglichkeit haben, ihre Klientel in deren Muttersprache zu beraten (www.bankamiz.de). Allerdings hält sich die Deutsche Bank bei groß angelegten Werbeaktionen sowie speziellen Anlage- oder Finanzierungsprodukten zurück. Ebenso ist ein Schalter, der ausschließlich für türkische Kunden existiert nicht vorgesehen.

Eine Filiale, die eine „Bankamız“-Beratung anbietet, soll sich nicht von anderen Filialen unterscheiden, um einer ablehnenden Haltung deutscher Kunden entgegenzuwirken (süddeutsche.de). Diese Beispiele zeigen, dass sich die in Deutschland lebende türkischstämmige Bevölkerung als interessante kaufkräftige Zielgruppe identifiziert wurde. Die spezielle Bedürfnisbefriedigung der türkischstämmigen Bevölkerung wird inzwischen in mehreren Branchen wahrgenommen. Noch immer stellt sich jedoch die Frage, wie sich die türkischstämmige Bevölkerung von der einheimischen hinsichtlich des Kaufverhaltens unterscheidet.

Unterschiede zwischen Migranten und Nicht-Migranten bzgl. der Art ihrer Kaufentscheidung sind nicht klar definiert und wissenschaftlich nachgewiesen. Auch ist es von Interesse, Präferenzen in Bezug auf den Kaufentscheidungsprozesses aufzudecken. Ziel der vorliegenden Studie ist es, in diesem Kontext, Untersuchungen zu Ähnlichkeiten bzw. Unterschieden zwischen türkischstämmigen Migranten und Einheimischen durchzuführen.

[5] Frei übersetzt „Unsere Bank“.

Abbildung 3: Bankamız - Willkommen bei der Bank, die Ihre Sprache spricht.[6]

Die folgenden Untersuchungen basieren auf einer vermuteten Verschiedenartigkeit zwischen den benannten Gruppierungen im Rahmen des Kaufentscheidungsvorgangs. Hierzu werden Faktoren gewählt, die den Kaufentscheidungsprozess bei einem *high involvement* Produkt möglichst gut in seiner Abfolge darstellen sollen. Die Studie berücksichtigt dabei insbesondere die Informationssuche vor dem Kauf, das Gespräch mit dem Verkaufspersonal, die Kaufabsicht und schlussendlich die Weiterempfehlungsabsicht nach dem Kauf. Um die kulturbasierten Unterschiede aufzudecken, dient eine eigens für diesen Untersuchungszweck durchgeführte Umfrage, die varianzanalytisch ausgewertet wird. Abschließend werden Implikationen für die Marketingforschung und -praxis getätigt.

Nachdem im vorliegenden Einleitungskapitel die Relevanz der Thematik näher erläutert wurde, vermittelt *Kapitel 2* theoretische und konzeptionelle Grundlagen zu kulturbasierter Kundenansprache. Dabei interessiert zunächst der Begriff des Migrationshintergrundes, um eine eindeutige Referenzbasis für die weitere Verwendung des Begriffs zu schaffen. Anschließend folgt die tiefergehende Beschreibung des Ethno-Marketing-Phänomens und dessen aktueller Bedeutung in der Marketingpraxis. In Folge werden die zentralen Determinanten des postulierten Modells erläutert. Im Mittelpunkt steht dabei der Einfluss der Herkunft und der Kultur auf den Konsummarkt. Nachdem die zentralen Begriffe definiert und abgegrenzt wurden, schließt sich die Darstellung des grundlegenden Theoriegerüsts an. Infolgedessen werden neben Hofstedes

---

[6] Werbung Bankamız (www.bankamiz.de).

Kulturdimensionen, die Risk- und Role Theory in den Kontext der vorgestellten Thematik gesetzt. Im *Kapitel 3* stehen die Modellkonzeption und die Herleitung der dazugehörigen Hypothesen im Vordergrund. Neben der Herkunft der Probanden erfolgt, im Rahmen des Modells, die Integration der Faktoren des Verkäufertyps und der Informationsquelle, deren Einflüsse auf die abhängigen Variablen der Weiterempfehlungs- und Kaufabsicht ergründet werden.

Im Anschlusskapitel erfolgt die Erläuterung des allgemeinen Konzepts der Varianzanalyse und des Datenerhebungsprozesses. Ferner findet in diesem Kapitel die empirische Überprüfung der Hypothesen anhand der Varianzanalyse statt. Anschließend werden im selbigen Kapitel die Resultate interpretiert, Implikationen für die Forschung und die Praxis abgeleitet sowie Limitationen der Studie dargestellt. *Kapitel 5* schließt mit einer Zusammenfassung der wesentlichen Ergebnisse ab und gewährt einen Ausblick in die Zukunft der Thematik.

2 Theoretische und konzeptionelle Grundlagen zur kulturbasierten Kundenansprache

2.1 Grundlegende Begrifflichkeiten im Hinblick auf die persönliche Herkunft

2.1.1 Zum Ausdruck Migrationshintergrund in Bezug auf türkischstämmige Migranten in Deutschland

Von zentraler Bedeutung für die vorliegende Studie zur kulturbasierten Kundenansprache ist der Begriff „Mensch mit Migrationshintergrund". In Anlehnung an die Definition des Statistischen Bundesamts, spiegelt sich das Phänomen Migration in dem Ausdruck Bevölkerung mit Migrationshintergrund adäquat wider. Dieser Ausdruck findet mittlerweile auch in der Wissenschaft und Politik sowie im allgemeinen Sprachgebrauch Verwendung. In der vorliegenden Untersuchung kommt er ebenfalls zur Anwendung, da er Migration nicht nur auf die tatsächlich zugewanderten Migranten reduziert, sondern auch die in Deutschland geborenen Nachkommen miteinbezieht. Bei der Bestimmung des Migrationshintergrundes werden folgende Abgrenzungen getätigt:

Ausschließlich Zuwanderungen, die nach dem Jahr 1950 auf das Gebiet der heutigen Bundesrepublik stattgefunden haben, werden betrachtet. Zuwanderungen vor dem Jahr 1950 erfolgten meist aufgrund kriegsbedingter Vertreibungen des Zweiten Weltkriegs. Im Fokus stehen zudem nicht nur die tatsächlich zugewanderten Migranten, sondern auch deren Nachkommen, die in Deutschland zur Welt kamen. Eine vollständige Unterteilung nach Generationen soll nicht durchgeführt werden. Vielmehr interessieren nur die Zuwanderer der 1. Generation und die in Deutschland Geborenen (2. Generation oder höher). Für alle Eingebürgerten und für alle Ausländer wird ein Migrationshintergrund vorausgesetzt (Statistisches Bundesamt, 2013, S. 5 f.).

Daraus ergibt sich folgende Definition für einen Menschen mit Migrationshintergrund:
„Zu den Menschen mit Migrationshintergrund zählen alle nach 1949 auf das heutige Gebiet der Bundesrepublik Deutschland Zugewanderten sowie alle in Deutschland geborenen Ausländer und alle in Deutschland als Deutsche Geborenen mit zumindest einem zugewanderten oder als Ausländer in Deutschland geborenen Elternteil" (Statistisches Bundesamt, 2013, S. 6).

Gleichzeitig werden in dieser Studie die Begriffe ethnische Minderheit, türkischstämmige Migranten und Zuwanderer verwendet. All diese Begriffe sind nötig, um das Konzept des türkischstämmigen Menschen mit Migrationshintergrund darzustellen. Das Hauptaugenmerk liegt also in einem verhaltensrelevanten Vergleich zwischen der türkischstämmigen ethnischen Minderheit in Deutschland und den in der Bundesrepublik lebenden Einheimischen. Die Gruppe der Türkischstämmigen wird anhand des Mikrozensus und den daraus stammenden Informationen hinsichtlich ihrer Zuwanderungsgeschichte nach Deutschland definiert (Woellert & Klingholz, 2014, S. 14 f.). [7] Es ist ersichtlich, dass Begriffe wie „Deutsche“ und „Ausländer“ den Unterschied beider Gruppierungen bei weitem nicht ausdrücken können. Die Einheimischen bzw. die Menschen des Gastgeberlandes ohne Migrationshintergrund machen den größeren Teil der Bevölkerung in Deutschland aus. Sie weisen folgende Merkmale auf:

Sie sind in Deutschland geboren und haben seit ihrer Geburt die deutsche Staatsbürgerschaft. Zudem müssen beide Elternteile in Deutschland geboren sein und über die deutsche Staatsangehörigkeit verfügen.

2.1.2 Das Phänomen Ethno-Marketing

In US-amerikanischen Unternehmen kommt das Ethno-Marketing schon seit geraumer Zeit zur Anwendung. Das Wort „ethnos“ stammt aus dem Griechischen und bedeutet „das Volk“. Als ethnische Minderheit wird demnach eine Gruppierung eines Volkes verstanden, welche auf einem Territorium lebt, das hauptsächlich von einer anderen Ethnie bewohnt wird (Musiolik, 2010, S. 19). Laut *Cui* entstanden die ersten Ethno-Marketing Forschungsarbeiten bereits im Jahr 1932 (2001, S. 23 f.). Zwischen den Jahren 1970 und 1990 richteten immer mehr amerikanische Wissenschaftler ihre Forschung auf ethnische Minderheiten aus. Insbesondere ab 1990 stieg zunehmend das Interesse an interkulturellen Unterschieden und deren Auswirkungen auf das Konsumverhalten (Coskun, 2011, S. 27). Wie *Singh et al.* belegen, existiert bereits eine Vielzahl an Literatur, die Ethnizität als kulturelle Einflussvariable des Kaufverhaltens, der Mediennutzung, der Einkaufspräferenzen und der Einstellung gegenüber Werbung identifiziert

[7] „Der Mikrozensus ist eine repräsentative Haushaltsbefragung der amtlichen Statistik in Deutschland. Rund 830 000 Personen in etwa 370 000 privaten Haushalten und Gemeinschaftsunterkünften werden stellvertretend für die gesamte Bevölkerung zu ihren Lebensbedingungen befragt. Diese repräsentieren 1 % der Bevölkerung, die nach einem festgelegten statistischen Zufallsverfahren ausgewählt werden. Die Befragung ist absolut vertraulich und die Daten werden nur für statistische Zwecke verwendet” (Statistisches Bundesamt).

(2003, S. 868). Im Mittelpunkt dieser Studien steht zumeist die Analyse einer einzigen ethnischen Subkultur. Auch in dieser Arbeit liegt der Fokus auf einem Vergleich zwischen der türkischstämmigen ethnischen Minderheit in Deutschland und der deutschstämmigen Population. Zu beobachten ist jedoch, dass die meisten Forschungsarbeiten aus den USA schwerpunktmäßig die „racial group" untersuchen und weniger die ethnische Gruppierung.

Es wurden in der Vergangenheit bspw. Asiaten als Gruppierung betrachtet, ihre ethnische Herkunft und Kultur jedoch vernachlässigt. Es spielte für die Forscher keine Rolle, ob es sich bei den asiatischen Personen um Chinesen, Japaner oder Inder handelte. Dieser Umstand könnte unter anderem ein Grund für den Misserfolg einer Vielzahl von Marketing-Maßnahmen darstellen. Die Maßnahmen verfolgen oftmals die Konsumentendifferenzierung nach der „Racial-Group" und weniger die Unterscheidung nach ethnischer oder kultureller Herkunft. Die einzelnen Merkmale der Zielgruppe und das einhergehende differierende Konsumentenverhalten sowie spezifischen Einstellungen werden auf diese Weise außer Acht gelassen (Chudry & Pallister, 2002, S. 126; Coskun, 2011, S. 28).

Im Gegensatz zu der Vielzahl der Studien und Literatur in den Vereinigten Staaten, ist die Anzahl der Forschungsarbeiten zu ethnischen Minderheiten und kulturell differenzierten Anforderungen an das Marketing in Europa vergleichsmäßig gering. Untersucht wurden bereits Minderheiten in Großbritannien und Frankreich. Zu türkischstämmigen Menschen in Deutschland existieren bisher nur einzelne Studien, ungeachtet der in *Kapitel 1* beschriebenen Tatsache, dass sie die größte ethnische Minderheit in dem bevölkerungsreichsten europäischen Land darstellen (Coskun, 2011, S. 27 f.; de.statista.com).

Nachdem der Ursprung und die Entwicklung der Ethno-Marketing Forschung beleuchtet wurden, stellt sich nun die Frage nach den Charakteristika einer ethnischen Minderheit. Wie kann die Hypothese aufgestellt werden, dass es sich bei den türkischstämmigen Menschen in Deutschland um eine ethnische Minderheit handelt? Was genau macht eine ethnische Minderheit aus? Und wie sind die jeweiligen Gemeinsamkeiten der türkischen Gemeinde in Deutschland zu umschreiben? In der Literatur sind die nachfolgend genannten Aspekte typische Eigenschaften, die eine ethnische Minderheit vereinen.

Um als solche zu gelten, müssen Menschen innerhalb dieser Minderheit mindestens eine der nachfolgenden Eigenschaften aufweisen: Eine gemeinsame Geschichte; kulturelle Traditionen; dieselbe geographische Herkunft; dieselbe Sprache; dieselbe Literatur; dieselbe Religion; die Eigenschaft eine Minderheit zu sein oder die Eigenschaft ethnisch auffallend zu sein. (Australian Bureau of Statistics, 2000, S. 5; Pires & Stanton, 2005, S. 2). Bei dem Konzept des Ethno-Marketings wird das Marktsegment der ethnischen Minderheit konzentriert betrachtet. Ethno-Marketing beinhaltet die Ansprache von Konsumenten innerhalb der als Ethnische Minderheit definierten Gruppierung, die eine in Relation zur Gesamtpopulation geringe Mitgliederanzahl aufweist. Das sogenannte Mikro-Marketing kommt dem Ethno-Marketing zwar sehr nah, ist allerdings dennoch separat zu betrachten. Beim Mikro-Marketing handelt es sich um zugeschnittene Marketing-Strategien, bei denen Unternehmen ihre Strategien an den Wünschen und Bedürfnissen eines sehr schmalen Segments ausrichten (Pires & Stanton, 2005, S. 6; Kotler & Armstrong, 2010, S. 229). Zu unterscheiden ist Ethno-Marketing außerdem vom Multikulturellen Marketing, bei dem eine Vielzahl von ethnischen Minderheiten parallel angesprochen wird (Pires& Stanton, 2005, S. 5 f.).

Das Ziel des ethnischen Marketings ist es in erster Linie, einen auf die jeweilige ethnische Minderheit abgestimmten Marketing-Mix bzw. Teilbereiche des Marketing-Mixes zu erstellen und diese strategischen Entscheidungen auch zu implementieren. Beabsichtigt wird, dass der Konsument das angepasste Produkt bzw. die angepasste Dienstleistungen gegenüber denen anderer Unternehmen bevorzugt. Bei der Vermarktung hilft dem Unternehmen dabei ein starkes Markenbewusstsein der ethnischen Minderheit und eine Homogenität innerhalb des betroffenen Marktsegments (Jobber, 2010, S. 469; Rennhak & Nufer, 2011, S. 2 f.).

Außerdem kann die Möglichkeit genutzt werden, den Konsumentenstamm durch das ethnische Marketing anhand eines sogenannten ethnischen Crossovers zu erweitern. Dies geschieht, wenn ein Produkt, das ursprünglich für ein gewisses Zielsegment gedacht war, Aufmerksamkeit und Akzeptanz in einem anderen Segment erlangt. Das Produkt, welches die kulturellen Erfahrungen der ethnischen Minderheitsgruppierung reflektiert (d.h. ein ethnisch-orientiertes Produkt bzw. eine ethnisch-orientierte Dienstleistung), gewinnt an signifikanter Penetration bei Konsumenten außerhalb der ethnischen Orientierung.

Bspw. ist hierzu anzuführen, dass 60 Prozent des Hip-Hop-Raps als afroamerikanische Musik gelten; die Musikrichtung allerdings primär von nicht-afroamerikanischen Jugendlichen gehört und gekauft wird. Ein weiteres Beispiel stellt das traditionell japanische Sushi dar, welches sich weltweit großer Beliebtheit erfreut (Grier et al., 2006, S. 35 f.). Um nun eine erfolgreiche Ethno-Marketing-Kampagne durchzuführen, ist es von zentraler Bedeutung die ethnische Minderheit innerhalb der Gesamtpopulation identifizieren zu können. Zu diesem Zweck ist die Gruppierung bzgl. der zuvor genannten Eigenschaften zu analysieren und wird anschließend einer merkmalsbezogenen Identifikationsprüfung unterzogen. Die zu identifizierende Personengruppe sollte letztlich einen einheitlichen kulturellen Hintergrund aufweisen, damit sich innerhalb der Gruppierung ähnliche Reaktionen auf Werbemaßnahmen zeigen. Die effiziente Identifikation der Ethnie ist somit von enormer Bedeutung. Es existieren folgende drei Eigenschaften einer Ethnizität:

- die Wahrnehmung Anderer, dass die Gruppe andersartig und einzigartig ist, muss bestehen;
- die Wahrnehmung der Gruppenmitglieder, dass sie selber andersartig und einzigartig sind, muss bestehen;
- Menschen innerhalb derselben Gruppierung, mit derselben Identität, teilen Aktivitäten aufgrund ihrer wahrgenommenen Ähnlichkeit, egal ob diese real oder imaginär ist (Pires & Stanton, 2005, S. 7).

Übertragen auf diese Studie haben auch gegenseitigen Wechselwirkungen der beschriebenen Phänomene Auswirkungen auf türkischstämmige Migranten in Deutschland. Die türkischstämmige Minderheit wird von anderen Gruppierungen der Gesellschaft in Deutschland (weitere ethnische Minderheiten oder Einheimische) als andersartig wahrgenommen.

Dies führt innerhalb der Gruppe von türkischstämmigen Migranten zu einer stärkeren Wahrnehmung der eigenen Andersartigkeit. Sie selber empfinden sich dadurch als Gruppe einzigartig und richten somit ihr Konsumentenverhalten bzgl. der Gruppenzugehörigkeit aus. Demnach umfasst Ethnizität Wahrnehmung, Identität, Zugehörigkeit, Kultur, externen Unterschied und interne Gemeinsamkeit. *Abbildung 4* zeigt die drei Eigenschaften und ihre mögliche gegenseitige Verstärkung.

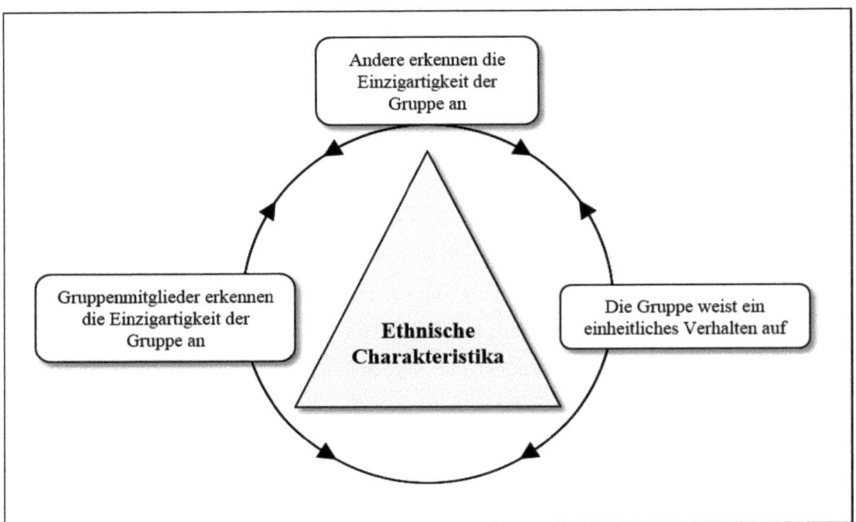

Abbildung 4: Definierende Charakteristika der Ethnizität[8]

Die Bundesrepublik kann aufgrund der Vielzahl von verschiedenen ethnischen Minderheiten als multikulturelles Land angesehen werden. Einer multiethnischen Gesellschaft, die aus einer Vielzahl von ethnischen Gruppierungen besteht, steht die Mehrheit von Einheimischen als nationale Gruppe gegenüber. Manche ethnische Minderheiten können dabei im Vergleich zu anderen ethnischen Gruppierungen innerhalb der Gesellschaft, in der sie leben, benachteiligt sein.

Das Ausmaß an Unterschieden hinsichtlich der Bedürfnisse und des wirtschaftlichen Vermögens zwischen der Minderheit und dem Gastgeber-Land kann stark variieren. Dies sind bedeutende Beweggründe, die zu der Entscheidung führen sollten, differenzierte nach kulturellen Zielgruppierungen ausgerichtete Marketing-Strategien abzuleiten und umzusetzen (Pires & Stanton, 2005, S. 7 f.).

Laut Pires & Stanton (2005, S. 8) wird in der Literatur vorwiegend die Auffassung vertreten, dass Ethnizität vergänglich sein soll. *Hofstede* (2006, S. 43 ff.) spricht sich hingegen für eine

[8] Eigene Darstellung in Anlehnung an Pires & Stanton (2005, S. 7).

längerfristige Dominanz der kulturellen Herkunft aus. Sein Argument beruht darauf, dass die erste Generation der Migranten einem Akkulturationsprozess ausgesetzt ist, der mitunter kulturelle Konflikte einschließt. Die zweite Generation durchlebe divergierende mentale Programme, welche im nächsten Kapitel erläutert werden. Die dritte Generation hingegen ist größtenteils in die Gesellschaft des Gastgeber-Landes aufgenommen und dabei auch von dessen Werten geprägt worden. Unterschiede sollen sich demnach, abgesehen von Äußerlichkeiten, nur noch bzgl. der Namensgebung und unter Umständen aufgrund von andersartigen Religionszugehörigkeiten und Familientraditionen bemerkbar machen. Ob dieser Integrationsprozess schnell oder langsam vonstattengeht, hängt gleichermaßen von der mehrheitlichen Bevölkerung des Gastlandes, als auch von den Migranten selbst ab.

Es stellt sich die Frage wann genau eine solche Akkulturation stattfindet. Ein derartiger Prozess erfolgt laut *Palumbo & Teich* (2004, S. 474 f.) meist dann, wenn ein Zuwanderer die kulturellen Eigenschaften des Gastgeberlandes schätzt und annimmt. Bezüglich der Art und Weise wie sich ein solcher Prozess vollzieht, existieren zwei sich widersprechende Paradigmen. Das erste Paradigma, ein eindimensionales Modell, besteht aus einer imaginären Linie auf der der Zuwanderer entlang schreitet. Am Startpunkt dieser Linie befindet sich die Kultur, die ihm von Geburt an mitgegeben wurde, auch Geburtskultur genannt, und am Ende die des Gastlandes. Migranten bewegen sich entlang dieser beschriebenen Linie und verlieren dabei sukzessive ihre ursprüngliche Kultur (Palumbo & Teich, 2004, S. 474; Laroche et al., 1998, S. 418 f.).

Dem zweiten Paradigma liegt ein zweidimensionales Modell zugrunde. Dieses besagt, dass Migranten die Werte und Verhaltensweisen der Mainstream-Population annehmen, ohne dabei Aspekte ihrer ursprünglichen Kultur zu verlieren. Zuwanderer verschwinden demnach nicht innerhalb der Gastgebergesellschaft. Aufgrund zahlreicher getätigter Forschungsarbeiten lassen sich vier Strategien zusammenfassen. Diese vier Strategien werden seitens der Personen mit Migrationshintergrund in dem zugewanderten Land angewendet, um mit dem Akkulturationsprozess umzugehen:

- *Integration.* Elemente der neuen Kultur werden adaptiert, jedoch Facetten der ursprünglichen Kultur beibehalten.
- *Assimilation.* Die ursprüngliche Kultur wird zu Gunsten der neuen Kultur aufgegeben.

- *Separation*. Menschen mit Migrationshintergrund spalten sich vollständig von der Gesellschaft des Gastlandes ab.
- *Marginalisierung*. Die alte, sowie die neue Kultur wird aufgegeben (Palumbo & Teich, 2004, S. 474 f.).

Eine Studie von *Ryder et al.* (2000, S. 49 ff.) verglich die Erklärungskraft des ein- und zweidimensionalen Modells. Es stellte sich heraus, dass das zweidimensionale Modell eine stärkere Gültigkeit aufweist. Die ursprüngliche Kultur wird demnach nicht von der neuen abgelöst. Vielmehr geht sie eine Synthese ein, um unterschiedlichen Ausprägungen der beiden Kulturen zu verkörpern.

Palumbo & Teich (2004, S. 475) sind der Ansicht, dass weder Hispanoamerikaner (d.h. spanischstämmige Amerikaner) in den USA, noch die muslimische Gesellschaft in Europa ihre Identität jemals vollständig aufgeben werden. Als Folge dessen sehen sie auch einen schleichenden Verlust der jeweiligen Identität sowie eine vollständige Assimilation als sehr unwahrscheinlich an. Vielmehr vertreten die Autoren die Meinung, dass Hispanoamerikaner und Muslime amerikanische und europäische Werte annehmen, aber gleichzeitig bedeutende Aspekte ihrer ursprünglichen Kultur beibehalten. Als denkbare Ursache für solch ein Phänomen nennen sie unter anderem eine mögliche negative Haltung der Mainstream-Population gegenüber der Kultur der Zuwanderer, die bis hin zu einer radikalen Ablehnung reicht.

Für sie ist es von großer Bedeutung, dass Marketingfachleute bei der Planung von strategischen Aktivitäten beide Seiten der bi-kulturellen Identität berücksichtigen. Die Bestandteile der Marketing-Strategie sollten Elemente der Landeskultur und der spezifischen Kultur der jeweiligen Gruppierung beinhalten. Ob und inwieweit eine solche Zusammenführung sinnvoll ist und in welchem Maß dies geschehen sollte, wird in *Kapitel 4* diskutiert, nachdem die Ergebnisse der empirischen Befragung ausgewertet worden sind. Um nun einen erfolgreichen und funktionsfähigen Ethno-Marketing Denkansatz zu ermöglichen, gilt es, die folgenden Fragen beantworten zu können:

1. Unterscheiden sich Konsumbedürfnisse und -präferenzen der ethnischen Minderheit von denen anderer ethnischer Minderheiten oder/und von denen einheimischer Konsumenten?
2. Unterscheiden sich Informationsquellen und Kommunikationskanäle der ethnischen Minderheit von denen anderer ethnischer Minderheiten oder/und von denen einheimischer Konsumenten?
3. Falls ja, ist es möglich, dass Unternehmen diese Unterschiede zwischen den Gruppierungen bei der kommunikativen Ansprache der interessierenden Minderheit berücksichtigen?

Es stellt sich die Frage, wie diese möglichen Unterschiedlichkeiten zustande kommen können und was den Ursprung dieser Disparität ausmacht. Als Basis der Überlegungen wird die Herkunft bzw. Kultur als Ursache unterstellt und daher im folgenden Abschnitt der Einfluss der Kultur eines Menschen auf die allgemeine Handlungstätigkeit erläutert.

2.1.3 Der Einfluss der Herkunft und Kultur auf die Handlungstätigkeit

Nachdem die Relevanz der Thematik dargelegt und zentrale Begriffe und Konzepte im Rahmen der Fragestellung erläutert wurden, erfolgt die Ergründung der Verbindung zwischen Kultur und Verbraucherverhalten. Die Kultur stellt „die grundlegendste Determinante der Bedürfnisse und des Verhaltens von Menschen dar“ und ist daher auch substanziell für strategische Marketingentscheidungen. Kultur ist die Basis für Verhaltensnormen von Konsumenten und Anbietern. Diese Normen sind zuständig für spezifische Denkweisen, welche nur teilweise nach außen getragen werden und somit sichtbar sind (Albaum et al., 2001, S. 93).

Gemeinhin bezeichnet man diesen Denkansatz auch als Eisbergmodell der Kultur. Demnach setzt sich der Begriff „Kultur“ aus einem sichtbaren und einem unsichtbaren Teil zusammen. Der sichtbare Teil ist übertragbar auf die Aspekte einer Kultur, die von Menschen beobachtet werden können und daher klar erkennbar sind. Sie umfassen bspw. Musik, Kleidung, Sprache, Nahrung, Gestik, Kunst und sich nach außen zeigende Handlungsweisen. Es ist allerdings von wesentlicher Bedeutung die unsichtbaren Teile der Kultur nicht zu vernachlässigen.

Diese machen den unsichtbaren Abschnitt des Eisbergs aus bzw. befinden sich, bildlich gesprochen, unter der Wasseroberfläche, und können die zentralen Kulturfaktoren darstellen, wie bspw. religiösen Glauben, Weltansichten, Familienzusammenhalt, Motivationen und Risikoakzeptanz. *Abbildung 5* stellt diesen zweiseitigen Zusammenhang grafisch dar (Albaum et al., 2001, S. 94; Rothlauf, 2009, S. 25).

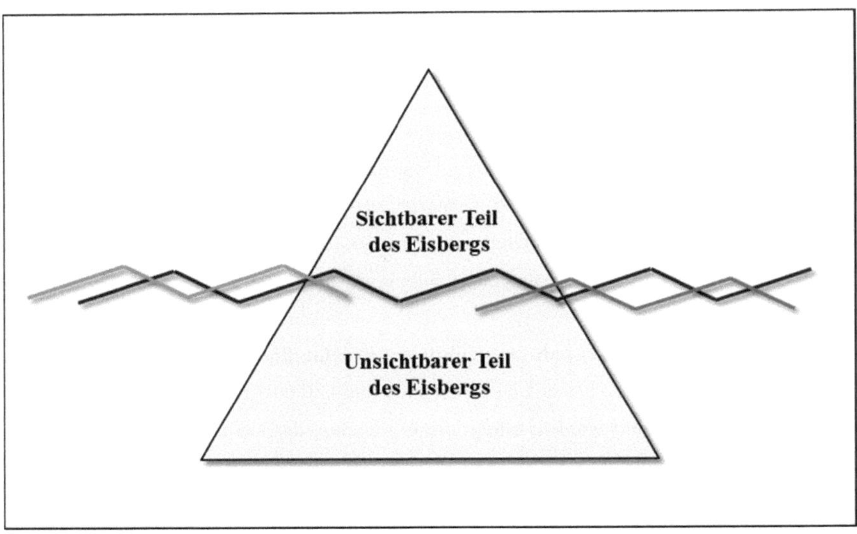

Abbildung 5: Eisbergmodell der Kultur[9]

Aufgrund von sogenannten *Subkulturen* in kulturellen Systemen gestaltet sich die Identifikation von Kultursegmenten noch komplexer. Innerhalb einer Kultur sind diese Subkulturen verantwortlich für verschiedenartige Verhaltensweisen und können aufgrund von Gemeinsamkeiten bzgl. Nationalität, Rasse, geografischen Gebieten und Religion existieren. Somit ist der Begriff Kultur nicht direkt aufgrund von Gesellschaften, Nationalität und Gruppen abzugrenzen. „Insgesamt ist Kultur ein gemeinschaftliches System von Deutungen, sie wird erlernt, sie gilt für Gruppen und sie ist relativ (d.h. es gibt keine kulturellen absoluten Wahrheiten)“ (Albaum et al., 2001, S. 92).

[9] Eigene Darstellung in Anlehnung an Rothlauf (2009, S. 25).

Punnett (1994, S. 15) präsentiert eine Sortierung der Länder je nach Ähnlichkeit ihrer kulturellen Ansichten. Diese Ähnlichkeiten zeigen sich, indem Bevölkerungsgruppen, die ähnliche kulturelle Werte aufzeigen, einem Cluster zugeordnet werden. In *Tabelle 1* sind die Cluster und die dazugehörigen Länder aufgelistet (Albaum et al., 2001, S. 96):

Cluster 1 – Anglo	Kanada, Australien, Neuseeland, Großbritannien, USA
Cluster 2 – **Germanisch**	Österreich, Deutschland, Schweiz
Cluster 3 – **Romanisches Europa**	Belgien, Frankreich, Italien, Portugal, Spanien
Cluster 4 – **Nordisch**	Dänemark, Finnland, Norwegen, Schweden
Cluster 5 – **Lateinamerika**	Argentinien, Chile, Kolumbien, Mexiko, Peru, Venezuela
Cluster 6 – **Naher Osten**	Griechenland, Iran, Türkei
Cluster 7 – **Ferner Osten**	Hongkong, Indonesien, Malaysia, Philippinen, Singapur, Südvietnam, Taiwan
Cluster 8 – **Arabische Länder**	Bahrain, Kuwait, Saudi-Arabien, Vereinigte Arabische Emirate
Unabhängig (ohne engere Beziehung zu anderen Ländern)	Japan, Indien, Israel

Tabelle 1: Länder-Cluster geordnet nach der Ähnlichkeit kultureller Werte

Die Cluster sind in absteigender Reihenfolge bzgl. ihrer Ähnlichkeiten zueinander angeordnet. Hierbei befindet sich Deutschland im *Cluster Germanisch* und die Türkei im *Cluster Naher Osten*. Es werden demnach Unterschiede zwischen den jeweiligen kulturellen Werten angenommen. Abgesehen von solch einem Cluster-Modell existieren eine Reihe von anderen Modellen, die die Gemeinsamkeiten und Unterschiede von Ländern darlegen sollen. Dabei werden bestimmte Dimensionen verwendet, um die Verwandtschaft oder Andersartigkeit bestimmter Länder aufzuzeigen. Unter den bekanntesten Kultur-Modellen sind zu nennen:

- 4-Dimensionen-Modell von Hall;
- 7-Dimensionen-Modell von Trompenaars;
- 9-Dimensionen-Modell (GLOBE Studie);
- 3-Dimensionen-Modell von Schwartz;
- 6-Dimensionen Modell von Hofstede (Rothlauf, 2009, S. 31f.).

Ausgangspunkt der vorliegenden Studie ist das 6-Dimensionen Modell von *Hofstede*, welches im folgenden Abschnitt erläutert werden soll. Zu beachten ist hier, dass zwei bestimmte Dimensionen, *Individualismus vs. Kollektivismus* und *Unsicherheitsvermeidung* fokussierter betrachtet werden, da sie tiefgreifende Unterschiede zwischen der deutschen und der türkischen Kultur aufzeigen. Im Folgenden werden die grundlegenden theoretischen Zusammenhänge *Hofstedes* dargelegt, die einzelnen Dimensionen vorgestellt und die Werte für Deutschland und die Türkei veranschaulicht.

Analog zu Computerprogrammen bezeichnet *Hofstede* Denk- und Verhaltensmuster als mentale Programme bzw. mentale Software. Diese bestimmen das Verhalten eines Menschen aber nur teilweise. Es ist zusätzlich abhängig von der jeweiligen Situation, in der sich die Person befindet. Es existieren differierende Quellen mentaler Programme. Beginnend mit der frühen Kindheit und Erfahrungen innerhalb des Familienverbundes werden in der Schule, der Nachbarschaft, in der Lebensgemeinschaft, am Arbeitsplatz und somit im sozialen Umfeld und an Orten, an denen besonders viel Lebenserfahrung gesammelt wird, die Grundpfeiler für mentale Programme gesetzt. Als Ausdruck dieser Programme verwenden *Hofstede et al.* (2010, S. 5) den Begriff *Kultur*.

Im heutigen Sprachgebrauch erfährt dieses Wort unterschiedliche Interpretationen, die alle der ursprünglichen Bedeutung aus dem Lateinischen entstammen. „Cultura" bedeutet übersetzt „die Pflege des Körpers und des Geistes". In den meisten westlichen Ländern wird der Begriff allerdings gleichgesetzt mit Zivilisation oder Veredelung der Seele bzw. des Verstandes. Als Ergebnis der Veredelung entstehen Bildung, Kunst und Literatur, die ein eng gefasstes Konzept des Kulturbegriffs ausmachen. In dieser Studie wird der Kulturbegriff allerdings im weiteren Sinne als die Lehre der menschlichen Gesellschaften betrachtet. Dieses Verständnis des Begriffs wird auch von Soziologen und Anthropologen geteilt. In der Anthropologie steht das Wort *Kultur* für alle zuvor genannten Denk-, Gefühls- und Handlungsmuster. Kultur ist ein kollektives Phänomen, da sie Menschen derselben sozialen Umgebung gemein haben. In dieser sozialen Umgebung wird sie auch als ungeschriebenes Gesetz des sozialen Spiels erworben.

Sie wird erlernt und ist demnach nicht von Geburt an vorhanden (Hofstede et al., 2010, S. 5 f.). Sucht man in der Literatur nach einer einheitlichen Kulturdefinition, wird man nicht fündig.

Vielmehr gibt es zahlreiche unterschiedliche Definitionen. *Hofstede et al.* (2010, S. 6) definiert den Begriff Kultur wie folgt: „It is the collective programming of the mind that distinguishes the members of one group or category of people from others“. Unter dem Begriff *group* verstehen *Hofstede et al.* dabei Menschen, die miteinander in Kontakt stehen. Unter dem Begriff *category* werden Menschen beschrieben, die eine Gemeinsamkeit haben. Dabei spielt es keine Rolle, ob sie in Kontakt stehen oder nicht.

Von wesentlicher Bedeutung ist allerdings, dass die Kultur von zwei Aspekten unterschieden werden muss: Von der menschlichen Natur auf der einen Seite und von der individuellen Persönlichkeit eines jeden Menschen auf der anderen Seite. Hierbei ist zu beachten, dass bzgl. der exakten Grenzen und Übergänge zwischen Persönlichkeit, Kultur und menschlicher Natur unterschiedliche Auffassungen innerhalb der Literatur existieren. *Abbildung 6* veranschaulicht dieses drei-Ebenen-Modell:

Die erste Ebene, die *menschliche Natur*, ist universell und durch Eltern und Vorfahren vererbt. Die menschliche Natur sichert das physische und psychische Funktionieren eines jeden Individuums und stellt eine Art allgemeingültige Stufe in der mentalen Software dar. Sie ist zuständig für das Empfinden von Angst, Freude, Liebe, Wut, Traurigkeit und Schamgefühl. Es liegt zudem in der Natur des Menschen, dass er nach zwischenmenschlichen Beziehungen sucht. All diese Gefühle werden dabei durch die Kultur eines jeden Menschen beeinflusst (Hofstede et al., 2010, S. 6f.).

Die *Persönlichkeit* hingegen ist absolut individuell und besteht aus einzigartigen mentalen Programmen, die kein Mensch mit einem anderen teilt. Sie basiert auf Eigenschaften, die zum einen teilweise vererbt und zum anderen mit der Zeit erlernt worden sind. Das Erlernen findet durch den Einfluss der Kultur und durch eigens gemachten Erfahrungen und Erlebnisse im Laufe eines Lebens statt. Im Zuge dieser verschiedenen Erfahrungen und Gegebenheiten durchläuft jeder Mensch in seinem Leben unterschiedliche gesellschaftliche Gruppen. Jede Personengruppe oder -kategorie weist die mentalen Programme auf, die ihre Kultur festlegt. Dass sich der Mensch gleichzeitig in mehreren Gruppen und Kategorien befindet, ist durchaus möglich und gewöhnlich. Dabei besitzt jeder Mensch, entsprechend der verschiedenen Kulturebenen, mehrere Ebenen des mentalen Programms in sich.

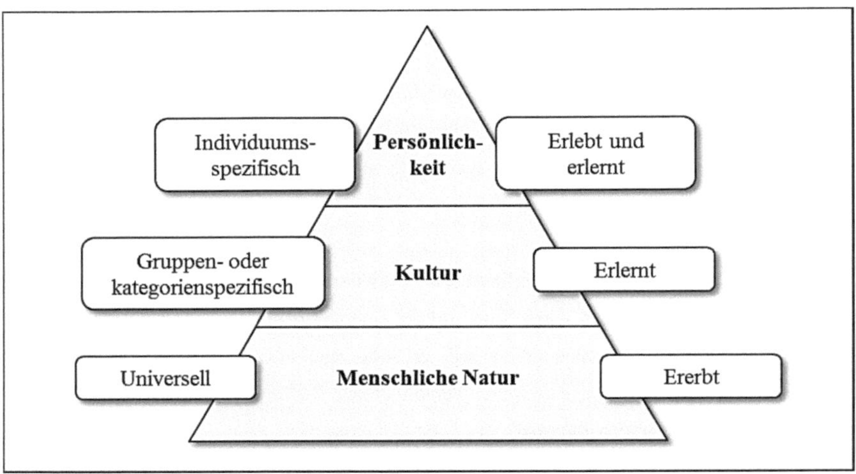

Abbildung 6: Drei Ebenen der Einzigartigkeit in der mentalen Programmierung[10]

Die nationale Ebene entsprechend des jeweiligen Landes (oder Länder für Personen, die in ein Land migriert sind);
die regionale, ethnische, religiöse oder sprachliche Zugehörigkeitsebene;
die Geschlechtsebene;
die Generationenebene, die Großeltern und Eltern eines Kindes unterscheidet;
die Ebene nach sozialer Klasse, gemäß Bildungsmöglichkeiten und Bildungsstand;
sowie für Menschen, die sich in einer Beschäftigung befinden,
die Organisations- bzw. Abteilungsebene je nach Organisationseinheit.

Die mentalen Programme all dieser Ebenen befinden sich nicht zwingend im Einklang. Insbesondere in modernen Gesellschaften stehen sie oft im Widerspruch zueinander. Religiöse Werte können bspw. mit Generationenwerten kollidieren. In Konflikt stehende mentale Programme sind besonders kritisch für Menschen in neuen und unerwarteten Situationen (Hofstede & Hofstede, 2006, S. 12f.).

[10] Eigene Darstellung in Anlehnung an Hofstede et al. (2010, S. 6).

Im nachfolgenden Unterkapitel soll nun die Verbindung zu *Hofstedes* Modell der Variation der Persönlichkeit auf Basis der Kulturdimensionen hergestellt werden; dabei erfolgt auch die Erläuterung aller relevanten Kulturdimensionen.

2.2 Theoretische Konzeptualisierung

2.2.1 Hofstede als Grundlage kultureller Unterschiede

Bereits in der ersten Hälfte des zwanzigsten Jahrhunderts entwickelte sich in der amerikanischen Anthropologie der Gedanke, dass in jeder Gesellschaft auf der Welt dieselben Grundprobleme existieren. Sowohl hoch- als auch weniger entwickelte Kulturen, alle seien den gleichen Problemstrukturen ausgesetzt, wobei Unterschiede bzgl. der jeweiligen Lösungsansätze zu finden seien. Die amerikanischen Anthropologen *Ruth Benedict* und *Margaret Mead* spielten bei der Entwicklung und Verbreitung dieser These eine wichtige Rolle. Aufbauend auf der beschriebenen Annahme wurden zahlreiche empirische Untersuchungen vorgenommen, um die Grundprobleme genauer zu bestimmen. Im Jahr 1954 publizierten die beiden Soziologen *Alex Inkeles* und *Daniel Levinson* eine umfassende Arbeit zu dieser Art von Problemen, mit denen Gesellschaften global konfrontiert werden. Die Autoren betonen, dass die Probleme Auswirkungen auf Gesellschaften im Allgemeinen, einzelne Gruppen innerhalb einer funktionierenden Gesellschaft, sowie auf zwischenmenschliche Beziehungen innerhalb einer Gruppe haben. Der Umgang mit diesen Problemstellungen sei essentiell für ein erfolgreiches Fortbestehen der Gesellschaft. Nachfolgend sind diese Hauptprobleme aufgelistet (Hofstede & Hofstede, 2006, S. 28):

1. „Verhältnis zur Autorität“
2. „Die Beziehung zwischen Individuum und Gesellschaft“
3. „Die Vorstellung des Individuums von Maskulinität und Femininität“
4. „Die Art und Weise, mit Konflikten umzugehen, einschließlich der Kontrolle von Aggressionen und des Ausdrückens von Gefühlen“(Hofstede & Hofstede, 2006, S. 28; Inkeles & Levinson, 1969, S. 447 ff.).

Diese Hauptprobleme übernahm *Hofstede* als Grundlage für seine Studie, die er mithilfe von Mitarbeitern von IBM durchführte. Die Mitarbeiter des Unternehmens stammten aus über fünfzig Ländern und eigneten sich aufgrund ihrer internen Zusammensetzung besonders gut, um

Wertesysteme zu untersuchen. Die teilnehmenden Personen waren sich hinsichtlich zahlreicher Eigenschaften ähnlich und unterschieden sich häufig nur in Bezug auf ihre Herkunft. Das Ergebnis der Untersuchung stand im Einklang mit den zuvor benannten Hauptproblemen aus der Studie von *Inkeles* und *Levinson*: Die IBM-Mitarbeiter äußerten nahezu identische Grundprobleme, allerdings waren die Lösungsansätze von Land zu Land verschieden. Diese Problembereiche nennt *Hofstede Dimensionen* und definiert diese wie folgt: „Eine Dimension ist ein Aspekt einer Kultur, der sich im Verhältnis zu anderen Kulturen messen lässt“ (Hofstede & Hofstede, 2006, S. 29 f.). Vor diesem Hintergrund charakterisiert *Hofstede* eine nationale Kultur anhand von sechs vergleichbaren Dimensionen.

Machtdistanz. Der Begriff Machtdistanz stammt ursprünglich aus der Sozialpsychologie und wurde vom niederländischen Psychologen *Mulder* geprägt. Er beschreibt in seiner *power distance theory*, dass das bloße Ausüben von Macht Befriedigung bringt (Mulder, 1977, S. 2). Von dieser Annahme ausgehend, beschäftigte er sich mit der emotionalen Distanz zwischen Mitarbeitern und Vorgesetzten. *Mulder* definiert Machtdistanz als das Ausmaß von Machtungleichheit zwischen einem weniger mächtigen Individuum und einem mächtigeren Anderen, wobei beide demselben Gesellschaftssystem angehören (Mulder, 1977, S. 90 ff.). *Hofstede* griff diesen Denkansatz auf und erweiterte *Mulders* sozialpsychologische Definition zu einem weiter gefassten kulturellen Konzept. Er beschreibt Machtdistanz als „das Ausmaß, bis zu welchem die weniger mächtigen Mitglieder von Institutionen bzw. Organisationen eines Landes erwarten und akzeptieren, dass Macht ungleich verteilt ist“ (Hofstede & Hofstede, 2006, S. 59). Mithilfe der durch die IBM-Umfrage gewonnen Daten konnte ein sogenannter Machtdistanzindex entwickelt werden. Die Indexwerte ergaben sich durch die mit unterschiedlichen Punktwerten (1-5) gewerteten Antwortmöglichkeiten.

Im Falle der IBM-Studie handelte es sich um drei Fragen, die sich auf die Art der Entscheidungsfindung sowie den Führungsstil von Vorgesetzten gegenüber ihren Mitarbeitern bezogen. Sie sollten aufdecken, ob Mitarbeiter ihren Vorgesetzten bedenkenlosen mitteilen können, wenn sie nicht derselben Meinung sind. Darüber hinaus wurde gefragt, wie und auf welche Weise der jeweilige Vorgesetzte Entscheidungen trifft (autokratisch, patriarchalisch oder keines von beiden). Die abschließende Frage bezog sich auf das Führungsverhalten der Vorgesetzten aus Sicht der Mitarbeiter und sollte zeigen, welchen Stil Letztere präferieren (autokratisch, patriarchalisch oder Mehrheitsentscheidung ohne Beteiligung der Mitarbeiter). Aus diesen Daten wurde ein Machtdistanzindex entwickelt, dessen Skala von 0 bis 100 reicht (geringe bis große Machtdistanz), wobei der Wert von 100 in späteren Studien noch überschritten werden sollte (Hofstede & Hofstede, 2006, S. 53 ff.). Hofstede betont, dass eine gewisse Ungleichheit in jeder Kultur existiert, wobei die Toleranz, diese zu akzeptieren, stark variieren kann (Hofstede, 1984, S. 390). Hierarchische oder ungleiche Machtverteilungen innerhalb einer Gesellschaft treten bei Kulturen auf, die starke Machtdistanzwerte aufweisen. Diese Ungleichverteilung kann sich auf alle Bereiche des täglichen Lebens beziehen, wie z. B. Familie, Schule, Arbeitsplatz oder die Gemeinde. Länder mit starker Machtdistanz weisen eine erhöhte Toleranz gegenüber Ungleichheit auf und haben ein stärkeres Bedürfnis nach Macht, Reichtum, Prestige und Status (Hofstede, 2010, S. 28 ff.).

Individualismus vs. Kollektivismus. Eine Gesellschaft kann als kollektivistisch betrachtet werden, wenn das Interesse der Gemeinschaft (Kollektivinteresse) Vorrang vor den Bedürfnissen des Einzelnen hat. Diese Gesellschaftsform ist in der Welt am meisten verbreitet. Die Bezeichnung kollektivistisch beinhaltet in diesem Zusammenhang jedoch keine politische Wertung, sondern bezieht sich lediglich auf die Macht der Gruppe gegenüber dem Individuum. Die ausgeprägten Familienstrukturen der meisten kollektivistischen Gesellschaften spielen bei der Identitätsbildung der Gruppenmitglieder eine große Rolle. Man sieht sich selbst als Teil einer „Wir"-Gemeinschaft, die sich von anderen Mitgliedern der Gesellschaft unterscheidet. Es entsteht ein starkes Bündnis zwischen den Mitgliedern, das von Loyalität und Zusammengehörigkeitsgefühl geprägt ist. Es bildet sich ein gewisses Abhängigkeitsverhältnis zwischen dem Individuum und der „Wir"-Gruppe heraus. Die Lossagung von diesem Verhältnis würde von anderen Gruppenmitgliedern mit Argwohn betrachtet werden. Im Gegensatz dazu existieren individualistische Gesellschaften, die weltweit allerdings nur eine Minderheit ausmachen. In diesen Gruppierungen ist das Interesse des Individuums dem der Gruppe übergeordnet. Die familiären Strukturen dieser Gesellschaften sind weniger stark entwickelt. Es kommt zur Herausbildung einer „Ich"-Identität der Individuen, die sich deutlich voneinander unterscheiden und nicht auf die Zugehörigkeit zu einer Gruppe angewiesen sind. Entsprechend der zuvor erläuterten Machtdistanz-Dimension, wurde auch hier ein Individualismus-Index anhand der IBM-Daten entwickelt.

Kollektivistische Gesellschaften erzielten einen niedrigen Skalenwert, wohingegen individualistische Gesellschaften höhere Werte auf der Individualismus-Skala verzeichnen. *Hofstede* beschreibt Individualismus-Gruppen als „Gesellschaften, in denen die Bindungen zwischen den Individuen locker sind; man erwartet von jedem, dass er für sich selbst und für seine Familie sorgt. Das Gegenstück, der Kollektivismus, beschreibt Gesellschaften, in denen der Mensch von Geburt an in starke, geschlossene Wir-Gruppen integriert ist, die ihn ein Leben lang schützen und dafür bedingungslose Loyalität verlangen“ (Hofstede & Hofstede, 2006, S. 100 ff.). Zusammenfassend kann festgehalten werden, dass Individualismus den Grad misst, mit dem Individuen sich selbst als *Ich*, anstelle eines Teils von *Wir* sehen und mit dem sie eigenverantwortliche Entscheidungen treffen (Hofstede & Hofstede, 2006, S. 101 ff.). In individualistischen Ländern sind Personen hauptsächlich an der Gestaltung ihrer Lebensumstände im Einklang mit ihren persönlichen Einstellungen interessiert und verbringen ihre freie Zeit mit individuellen Aktivitäten. Sie möchten die Freiheit genießen, ihre Arbeitsbedingungen so zu planen, dass diese bestmöglich ihrem privaten Lebensstil angepasst und herausfordernde persönliche Ziele erreicht werden können. Im Gegensatz dazu fühlen sich Mitglieder kollektivistischer Gesellschaften zu Gruppen zugehörig und sorgen sich um das Wohl der anderen Mitglieder bevor sie persönliche Ziele verfolgen (Leng & Botelho, 2010, S. 263).

Maskulinität vs. Femininität. Die biologischen Unterschiede zwischen Mann und Frau sind weltweit dieselben. In Bezug auf die soziale Rollenverteilung in der Gesellschaft zeigen sich jedoch Unterschiede, die nur teilweise in Relation zu den natürlichen Verhaltensmustern gesetzt werden können. Es existieren gewisse Verhaltensweisen, die je nach Gesellschaft eher dem weiblichen oder dem männlichen Geschlecht zuzurechnen sind. In der Folge bezeichnen die Begriffe männlich bzw. weiblich die biologischen Unterschiede, wobei die relativen Bezeichnungen maskulin bzw. feminin sich auf die soziokulturelle Rollenverteilung beziehen. Was in einer modernen oder auch traditionellen Gesellschaft als typisch feminin bzw. maskulin angesehen wird, hängt von dem Sozialgeflecht der Gruppe ab. Es ist jedoch anzumerken, dass sich in allen Gesellschaften eine Tendenz bzgl. der Rollenverteilung zwischen Mann und Frau abzeichnet. Männern wird eine starke Leistungs- sowie Wettbewerbsorientierung unterstellt; Frauen hingegen werden mit gefühlsbezogenen und fürsorglichen Eigenschaften, wie einem ausgeprägten Sinn für Familie und Soziales, in Verbindung gebracht.

Zusammenfassend kann festgehalten werden, dass die Dimension *Maskulinität vs. Femininität* das Ausmaß der Verteilung sozialer Rollen unter den Mitgliedern einer Gesellschaft misst. Maskuline Gesellschaften schätzen eher „maskuline" Charaktereigenschaften, wie bspw. Durchsetzungsvermögen, Konkurrenzfähigkeit, Erfolg und Status. Feminine Gesellschaften hingegen tendieren eher zu Solidarität, Bescheidenheit, Fürsorge und Lebensqualität. Maskuline Gesellschaften heben Werte wie Reichtum, materiellen Erfolg, Ehrgeiz und Leistung hervor, während feminine Gesellschaften Wohlwollen, Gleichheit, Fürsorge für die Schwächeren und der Bewahrung der Umwelt einen hohen Stellenwert einräumen (Hofstede & Hofstede, 2006, S. 161 ff.). Nichtsdestotrotz soll dies nicht bedeuten, dass Männer in einer maskulinen Art und Weise agieren und Frauen in einer femininen Art und Weise. Diese Dimension charakterisiert lediglich die Kultur einer Gesellschaft als maskulin oder feminin, basierend auf assoziierten Charaktereigenschaften (Leng & Botelho, 2010, S. 263 f.).

Langzeit- vs. Kurzzeitorientierung. „Langzeitorientierung steht für das Hegen von Tugenden, die auf künftigen Erfolg ausgerichtet sind, insbesondere Beharrlichkeit und Sparsamkeit. Das Gegenteil, Kurzzeitorientierung, steht für das Hegen von Tugenden, die mit der Vergangenheit und der Gegenwart in Verbindung stehen, insbesondere Respekt für Traditionen, „Wahrung des Gesichts und die Erfüllung sozialer Pflichten" (Hofstede & Hofstede, 2006, S. 292 f.). Alle Gesellschaften müssen Verbindungen zu ihrer eigenen Vergangenheit aufrechterhalten, um mit den Herausforderungen der Gegenwart und der Zukunft umzugehen. Jede Gesellschaft hat bzgl. dieser beiden existentiellen Ziele unterschiedliche Prioritäten. Länder die einen niedrigen Punktwert erzielen, bevorzugen die Bewahrung von altehrwürdigen Traditionen und Normen, während sie dem gesellschaftlichen Wandel kritisch gegenüber stehen (Kurzzeitorientierung). Kulturen mit einem hohen Indexwert lassen sich dagegen als pragmatisch charakterisieren. Sie legen Wert auf Sparsamkeit und Fortschritte bzgl. der modernen Bildung, um damit bestmöglich für die Zukunft vorbereitet zu sein (Langzeitorientierung) (Hofstede, 1984, o.S.).

Nachgiebigkeit vs. Beherrschung. Die sechste und letzte Dimension beruht auf einer Studie von *Michael Minkov*, die wiederum auf Daten der World Values Survey (WVS) basiert.[11] Diese Kulturdimension besteht aus drei Grundbausteinen: Glück, Kontrolle über das eigene Leben

[11] World Values Survey (WVS) ist ein globales Netzwerk von Sozialwissenschaftlern, die den Einfluss von sich ändernden Werten auf das soziale und politische Leben untersuchen (www.worldvaluessurvey.org, o.S.).

sowie die Relevanz von Freizeit. Zwischen diesen drei Basiselementen konnte mithilfe der Daten der WVS eine starke Korrelation beobachtet werden, wodurch die Verschmelzung zu einer gemeinsamen Dimension möglich war. *Minkov* nannte diese Dimension Nachgiebigkeit vs. Beherrschung, und unterstellt somit zwei gegensätzliche Ausrichtungen. Das eine Extrem ist durch die persönliche Wahrnehmung charakterisiert, das eigene Leben frei gestalten zu können. Personen besitzen die Freiheit, nach eigenen Wünschen und Vorstellungen Geld auszugeben, die Freizeit zu genießen und spaßbringenden Aktivitäten (mit Freunden oder individuell) nachzugehen (Nachgiebigkeit).

Dem entgegenstehend existiert die Wahrnehmung, dass die eigenen Handlungen durch verschiedene soziale Normen und Verbote beschränkt sein sollten. Spaß an Freizeitaktivitäten, Geldausgeben oder andere ähnliche hedonistische Verhaltensweisen werden als falsch empfunden (Beherrschung) (Minkov, 2007, 111 ff.). *Hofstede* griff diese Überlegungen auf und verfasste eine eigene Definition: Nachgiebigkeit bezeichnet die Tendenz einer Gesellschaft, die Befriedigung von natürlichen und menschlichen Bedürfnissen, die vor allem im Zusammenhang damit stehen, das Leben zu genießen und Spaß zu haben, zu gewähren. Im Gegensatz dazu fordert Beherrschung die Überzeugung ein, dass diese Befriedigung durch soziale Normen eingedämmt und beschränkt werden muss (Hofstede et al., 2010, S. 277 ff.).

Unsicherheitsvermeidung. Der Ausdruck Unsicherheitsvermeidung (engl. uncertainty avoidance) stammt ursprünglich aus der amerikanischen Organisationssoziologie und wurde von *Richard Cyert* und *James March* geprägt. Die Autoren untersuchten in ihrem Werk den Umgang von Unternehmen mit Unsicherheiten (Cyert & March, 1963, S. 116 ff.). Der Umgang mit unklaren Verhältnissen bezieht sich jedoch nicht nur auf die Arbeitswelt, sondern ist auch auf andere Bereiche der Gesellschaft übertragbar. Unsicherheitsvermeidung kann auch als Abneigung gegenüber undurchschaubaren und unvorhersehbaren Situationen aufgefasst werden. Wie stark diese Vermeidungshaltung ausgeprägt ist und auf welche Weise mit ihr umgegangen wird, ist von Land zu Land verschieden. In ihrer extremsten Form schafft Ungewissheit unerträgliche Angst, wobei es von der jeweiligen Gesellschaft abhängt, wie damit umgegangen wird und welche Instrumente zur Anwendung kommen, um diese Bedenken einzudämmen. Moderne und traditionelle Gesellschaften weisen bei ihrem Umgang mit Ungewissheit kaum Unterschiede auf. Erlebte Unsicherheit ist eine im Kern subjektive und persönliche Erfahrung, die unter Umständen mit anderen Mitgliedern der Gesellschaft geteilt wird. Dadurch entstehen gemeinschaftliche Verhaltensmuster die sich zum kulturellen Erbe einer Gesellschaft entwickeln können. Hofstede definiert Unsicherheitsvermeidung als den „Grad, bis zu dem die Mitglieder einer Kultur sich durch nicht eindeutige oder unbekannte Situationen bedroht fühlen". Mithilfe der IBM-Daten wurde analog der bisher erläuterten Dimensionen, ein Unsicherheitsvermeidungsindex entwickelt (Hofstede & Hofstede, 2006, S. 229 ff.).

Kulturen mit einem hohen Unsicherheitsvermeidungswert tolerieren Unklarheiten und unbekannte Situationen weniger als Kulturen mit einem niedrigen Indexwert. Gesellschaften, die einen höheren Punktwert erreichen, zeichnen sich durch strengere Regeln im sozialen Verhalten aus. Sollten Ereignisse geschehen, die nicht vorgesehen waren, kommt in solchen Gesellschaften oft Frustration und Intoleranz gegenüber den neuen Gegebenheiten zum Vorschein. Im Gegensatz dazu sind Gesellschaften mit einem niedrigeren Unsicherheitsvermeidungswert eher bereit dazu, Risiken zu akzeptieren und einzugehen. Positive resultierende Handlungen dieser Einstellung drücken sich durch ein gesteigertes Innovationspotenzial und Unternehmergeist aus (Leng & Botelho, 2010, S. 263). Im folgenden Kapitel wird das theoretische Konzept des empfundenen Risikos, welches in engem Zusammenhang mit dem Konstrukt der Unsicherheit steht, detailliert erläutert.

2.2.2 Die „Risk Theory"

In diesem Abschnitt soll das von *Bauer* (1960, S. 389 ff.) im Jahr 1960 eingeführte Konzept des wahrgenommenen Risikos begreiflich gemacht und die dahinter stehende Theorie verdeutlicht werden. Als Theorie ist in diesem Kontext im Wesentlichen eine *systematische Erklärung* aufzufassen. Sie stellt eine Art Struktur dar, die die Beschaffenheit und die Wechselbeziehungen einer Vielzahl von Aspekten eines Phänomens beschreiben soll. *Bauer* (1960, S. 389) postuliert, dass das Konsumentenverhalten an sich als Risikobereitschaft angesehen werden kann. Der Autor beschreibt Risikowahrnehmung als ein hypothetisches und psychologisches Konstrukt, das bei der Informationssuche, im Rahmen der Markenloyalität und beim Empfinden von Vertrauen gegenüber anderen Personen im Kaufentscheidungsprozess in Erscheinung tritt. Der Mensch sei bereits an den Ausdruck des Konsumentenentscheidungsprozesses gewöhnt und die Risikobereitschaft stelle sich als eine Charakteristik des Konsumentenverhaltens bzw. des Entscheidungsprozesses dar.

Viele Individuen empfinden während der Kaufentscheidungsprozesses Unsicherheit hinsichtlich der Entscheidung für ein bestimmtes Produkt oder eine Marke. Konzeptualisiert als Wahrscheinlichkeit des Eintretens negativer Konsequenzen (d.h. Gefahr, Verlust, etc.), stellt das wahrgenommene Risiko Konsumentenunsicherheit bzgl. des Verlusts oder Gewinns im Rahmen einer spezifischen Transaktion dar. Es ist möglich, die allgemeine Begrifflichkeit des Risikos in ihre unterschiedlichen Komponenten aufzuspalten. Die Unsicherheit besteht im Rahmen finanzieller, leistungsbezogener, psychologischer, physischer, sicherheitsbezogener, zeitbezogener , komfortbezogener sowie sozialer Verlustängste (Murray, 1991, S. 11; Jacoby & Kaplan, 1972, S. 382 f.).

Das zentrale Problem des Konsumentenverhaltens ist die Auswahl an Alternativen. Da die Auswirkungen der Auswahl erst in der Zukunft bekannt werden, ist der Konsument gezwungen, in der jeweiligen Situation mit dem Phänomen der Unsicherheit bzw. des Risikos umzugehen. (Taylor, 1974, S. 54). Eine eindeutige Begriffsabgrenzung zwischen den beiden Phänomenen ist kaum möglich, sodass die Bezeichnungen Risiko und Unsicherheit oft synonym verwendet werden (Stone & Gronhaug, 1993, S. 41; Peter & Tarpey, 1975, S. 29 ff.). In der jeweiligen Situation ist die Risikowahrnehmung ausschlaggebend für das Konsumentenverhalten, da das Empfinden von Unsicherheit, als mögliche Ursache für Angst, als unangenehm empfunden wird. Sowohl das Ausmaß an wahrgenommenem Risiko in einer beliebigen Auswahlsituation, als auch die Anwendung von Methoden, mit dem Risiko umzugehen, ist abhängig von dem Grad der Selbstsicherheit eines Konsumenten. Um eine Auswahlsituation zusammenzufassen, müssen zwei Aspekte des Risikos berücksichtigt werden: Zum einen, dass Ungewissheit bzgl. des Ergebnisses existiert und zum anderen, dass Unsicherheit in Bezug auf die Konsequenzen besteht. Die Ergebnis-Ungewissheit kann durch das Sammeln und Verwerten von Informationen reduziert werden. Die Ungewissheit über resultierende Konsequenzen ist dagegen nur dadurch reduzierbar, mögliche Szenarien zu erstellten oder gar die vollständige Auswahlsituation zu verschieben. Risiko kann also in Auswahlsituationen zu Vermeidungsverhalten führen (Taylor, 1974, S. 54). *Abbildung 7* veranschaulicht den Prozess des Konsumentenverhaltens in einer Risikosituation. Somit steigt die Tendenz des Konsumenten aktiv nach Informationen zu suchen mit dem Grad der Risikowahrnehmung in der Vorkaufsituation (Murray, 1991, S.10).

Wie zuvor beschrieben, beginnt der Prozess mit einer Auswahlsituation des Konsumenten. Aufgrund der Ungewissheit bzgl. seiner Auswahlentscheidung, erlebt der Konsument eine Risikosituation bzw. einen Zustand der Ungewissheit (Taylor, 1994, S. 54 f.).

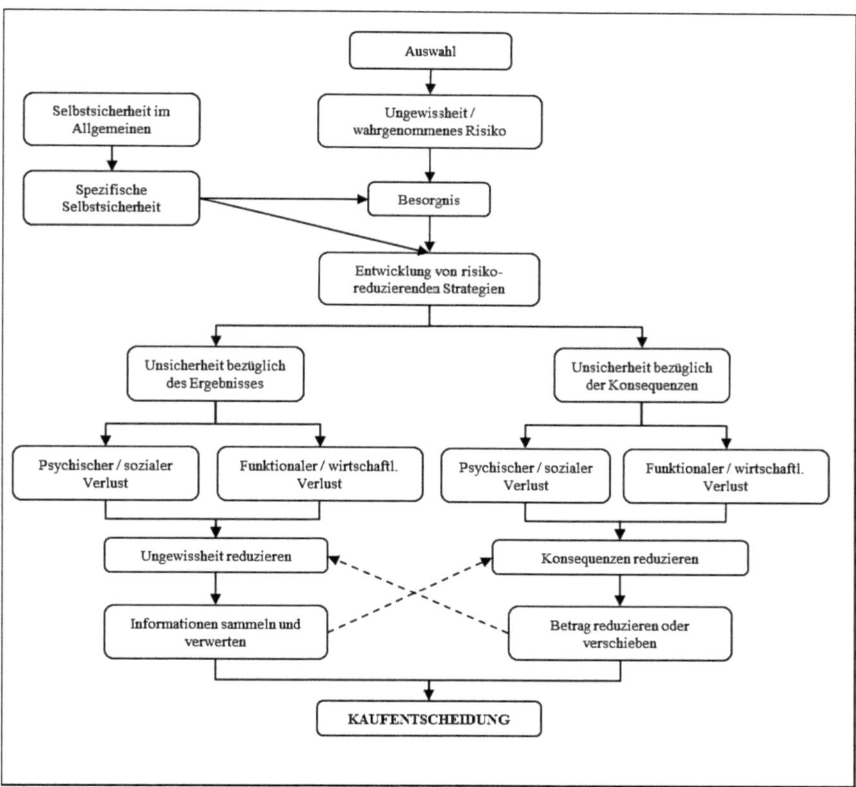

Abbildung 7: Risk theory[12]

Die Informationssuche durch den Verbraucher ist durch zwei Kategorien klassifizierbar: *Interne* und *externe Informationssuche*. Die *interne Informationssuche* basiert hauptsächlich auf dem Abrufen des Erlebten.

[12] Eigene Darstellung in Anlehnung an Taylor (1974, S. 55)

Wird der Konsument mit einer Kaufentscheidung konfrontiert, so ruft er zunächst mentale Informationen über mögliche Erfahrungen mit dem Produkt oder der Dienstleistung und über vergangenes Lernen ab. Erfahrung erzeugt Wissen, was wiederrum zu interner Informationssuche bei Kaufentscheidungen führt.

Als *externe Informationssuche* ist die bewusste und motivgesteuerte Suche eines Konsumenten definiert. Konsumenten beziehen dabei ihr Umfeld sowie externe Datenquellen in die Entscheidung mit ein. Des Weiteren ist eine Unterscheidung der externen Informationen bspw. nach ihrem Ursprung möglich, d.h. ob persönliche oder unpersönliche Quellen der Kommunikation die Information übermitteln (Murray, 1991, S. 11). Dieser Unterscheidung wird auch in der vorliegenden Studie gefolgt, die Informationsquellen gemäß *Newman & Staelin* (1973, S.20f.) in *personelle* und *neutrale* Quellen aufgeteilt. Freunde und Nachbarn stellen dabei Quellen der personellen Information dar, da sie Informationen persönlich weitergeben.

Unter neutralen Informationsquellen werden z. B. Bücher, (Online-) Artikel oder Broschüren gezählt, d.h. Quellen, die nicht durch den Sender der Information beeinflusst werden und die der Empfänger somit objektiv verarbeitet. Nachdem persönliche Faktoren und die Informationssuche der Konsumenten erläutert wurden, folgt in *Kapitel 2.2.3* eine nähere Betrachtung der Verkäuferorientierung als weiteren bedeutenden Aspekt im Kaufentscheidungsprozess.

2.2.3 Die „Role Theory"

Im nächsten Schritt wird die Verkäuferorientierung im Verkaufsgespräch auf Grundlage der Rollentheorie ergründet. Um das theoretische Konzept näher zu beleuchten bietet das Phänomen des Theaters eine geeignete Grundlage. *Biddle* charakterisiert die Theorie wie folgt: „Role theory concerns one of the most important characteristics of social behavior - the fact that human beings behave in ways that are different and predictable depending on their respective social identities and the situation. As the term role suggests, the theory began life as a theatrical metaphor"(1986, S. 68).

Zwei bedeutende Aspekte einer Rolle werden damit benannt: Einerseits handelt sich um lernbare Muster, welche das soziale Verhalten der Menschen verständlich und vorhersehbar machen; andererseits führt die Vielfalt an Rollen dazu, dass Menschen ihr soziales Verhalten flexibel und situationsabhängig anpassen. In diesem Kontext führt *Biddle* (1986, S. 68) den Zusammenhang zwischen Rollentheorie und Bühnenmetapher weiter aus: „If performances in the theater were differentiated and predictable because actors were constrained to perform „parts" for which „scripts" were written, then it seemed reasonable to believe that social behaviors in other contexts were also associated with parts and scripts understood by social actors. Thus, role theory may be said to concern itself with a triad of concepts: patterned and characteristic social behaviors, parts or identities that are assumed by social participants, and scripts or expectations for behavior that are understood by all and adhered to by performers".

Demnach sollen sich Individuen ähnlich wie Schauspieler bei entsprechenden Interaktionen verhalten. Ihre Handlungsweise ist somit abhängig von der spezifischen Rolle, die sie in der betroffenen Situation einnehmen. Folglich muss für eine erfolgreiche Kommunikation und Interaktionen zwischen Individuen die Rollenerwartung erfüllt sein. Rollenerwartungen weisen drei verschiedene Formen auf: Es ist möglich, die Rollenerwartungen als Normen zu sehen, die in der Natur bereits vorgeschrieben sind. Es ist ebenfalls denkbar, Erwartungen als Überzeugungen in Bezug auf subjektive Wahrscheinlichkeit zu sehen. Ferner können Rollenerwartungen als Präferenzen bzw. Gesinnungen betrachtet werden. Jede dieser Formen führt zu einer Rollengenerierung aus unterschiedlichen Gründen, welche laut *Biddle* (1986, S. 69) beibehalten werden sollten.

Es ist von substanzieller Bedeutung, dass Erwartungen durch Erfahrungen eines Menschen erlernt werden und sich einhergehend ein Bewusstsein über diesen Prozess entwickelt. Es sollte zur Kenntnis genommen werden, dass neben erlernten und erfahrenen Rollenerwartungen in dieser Studie auch die erlernte Kultur, die bereits zuvor dargestellt worden ist, eine bedeutende Rolle innehat. In diesem Kontext können Rollen somit als gemeinsame Erwartungen über die Art und Weise, in welcher sich ein Individuum in einer vorgegebenen Situation zu verhalten hat, verstanden werden. Es ist ebenfalls möglich, dass Individuen, analog zu Schauspielern, mehrere verschiedene Rollen gleichzeitig einnehmen (Homburg et al., 2010, S. 797). Sollte das Verhalten des Verkäufers nicht der Vorstellung des Kunden entsprechen, so ist es laut *Homburg et al.* (2010, S. 797) denkbar, dass es aufgrund eines starken Spannungsaufbaus zu einem Rollenkonflikt kommt. Der Grund hierfür liegt in divergierenden Erwartungen der verschiedenen

Rollen. Falls der Rollenkonflikt nicht gelöst wird, so ist es möglich, dass das soziale System beschädigt wird. (Biddle, 1986, S. 82; Homburg et al., 2010, S. 797). *Jones et al.* (2008, S. 474 f.) klassifizieren hinsichtlich der Interaktion zwischen Verkäufer und Kunde zwei Rollen, die von Verkäufern eingenommen bzw. von Konsumenten wahrgenommen werden. Welche Eigenschaften den Verkäufer mit der jeweiligen Rolle charakterisieren, soll im Folgenden erklärt werden. Zum einen kann der Verkäufer die Rolle des Geschäftspartners im Zuge einer dienstlichen Bemühung einnehmen. Dieser weist ein aufgabenorientiertes Verhalten auf, wie zum Beispiel Produkteigenschaften akkurat zu beschreiben oder Konsumentenbedürfnisse zügig zu identifizieren. Zum anderen kann der Verkäufer die Rolle eines Bekannten oder sogar die Rolle des Freundes einnehmen. In diesem Fall versucht der Verkäufer eine persönliche Beziehung zu dem Kunden aufzubauen (Homburg et al., 2010, S. 796).

Homburg et al. (2010, S. 797) erläutern weiter, dass sich die Rollenerwartungen bei diesen beiden speziellen Rollenvarianten deutlich unterscheiden: Die Erwartungen an einen Geschäftspartner folgen einer „Logik der Konsequenzen“. Die extrinsischen Motive des Partners, in einer Verbindung zu bleiben, werden betont. Gleichzeitig folgen die Erwartungen an das Verhalten der Freunde einer „Logik der Angemessenheit“. Hierbei wird erwartet, dass der Partner aufgrund von intrinsischen Motiven die Beziehung aufrechterhalten möchte. Diese divergierenden Erwartungen stellen eine wichtige Quelle für das Spannungs- und Doppeldeutigkeitsverhältnis zwischen Verkäufer und Kunde dar (Homburg et al. (2010, S. 797).

Auch in dieser Arbeit werden diese beiden zuvor beschriebenen Rollenvarianten des Verkäufers berücksichtigt. Sie stellen dadurch zwei unterschiedliche Verkäufertypen dar. Der Verkäufertyp, der sachlich und aufgabenorientiert agiert, wird als *funktional-orientierter Verkäufer* bezeichnet. Zusätzlich wird der Verkäufertyp berücksichtigt, der in seinem Verhalten vorwiegend persönlich agiert. Dieser wird *relational-orientierter Verkäufer* genannt.

Beide Ausprägungen dienen der in dieser Studie getätigten und später detailliert erklärten varianzanalytischen Untersuchung als Faktorstufen des Faktors *Verkäuferorientierung*. Es wird in dieser Studie nicht davon ausgegangen, dass durch unerfüllte Erwartungen des Kunden hinsichtlich der Rolle des Verkäufers, ein Rollenkonflikt entsteht und dieser in der Folge zum Abbruch der Interaktion führt.

Gemäß der *Rollentheorie* ist der situationsbedingte Kontext wichtig bei der Einnahme der Rolle von Individuen. Demnach sollten auch Nebenumstände Einfluss auf die Effektivität der funktionalen bzw. relationalen Kundenorientierung haben. Die Bereitschaft des Kunden, eine persönliche Beziehung einzugehen, beeinflusst laut *Beverland* (2001, S. 207 ff.) die Anstrengungen des Verkäufers, eine persönliche Beziehung aufzubauen. Auch *Sheth* (1976, S. 382 ff.) ist der Ansicht, dass die Erwartungen des Konsumenten hinsichtlich des gewünschten Verkäuferverhaltens abhängig von Kundencharakteristiken sind.

3 Ein Modell zur Erklärung kulturbasierter Unterschiede im Kaufentscheidungsprozess: Anwendung, Wirkung und Hypothesen

3.1 Die Komponenten des Kaufentscheidungsprozesses

Die in *Kapitel 2* erläuterten Einflussgrößen stellen in ihrer Zusammensetzung einen Prozess dar. Ziel der Zusammenführung der Faktoren ist es, eine natürliche Abfolge der Kaufentscheidung zu präsentieren. Beginnend mit den gegebenen Umständen, d.h. mit der Persönlichkeit des Konsumenten, verläuft die Kette des Prozesses weiter zur Informationsbeschaffung, die sich in Form von interner und externer Informationssuche ausdrückt. Ist diese abgeschlossen, so wird der Konsument mit einem bestimmten Verkäufertypen am Verkaufsort konfrontiert. Sodann muss der Kunde schließlich seine Kaufentscheidung treffen. Unabhängig davon, ob diese positiv oder negativ ausfällt, befindet sich der Konsument in einer Post-Kaufentscheidungssituation und sieht sich einer erneuten Entscheidung ausgesetzt: Die zuvor erlebte Situation weiterzuempfehlen oder nicht.

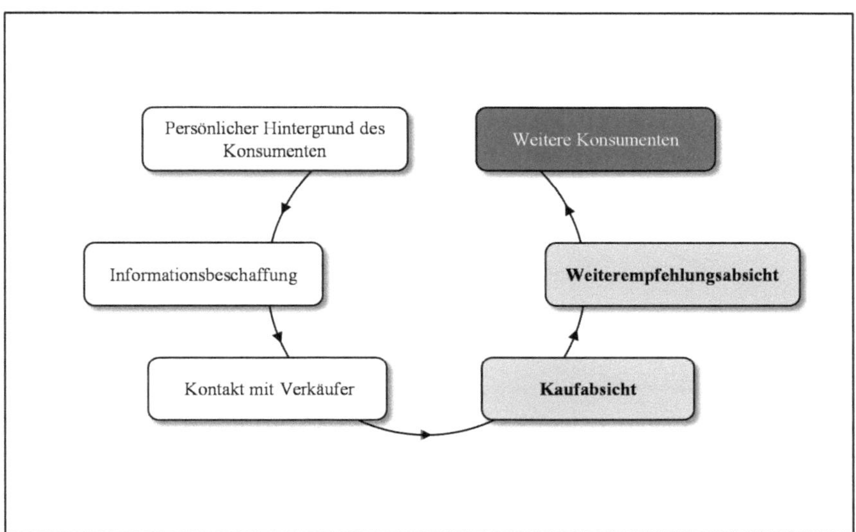

Abbildung 8: Kauf- und Weiterempfehlungsprozess

3.2 Das dreifaktorielle Untersuchungsmodell

Der zuvor dargelegte Kauf- und Weiterempfehlungsprozess wird in diesem Abschnitt nun anhand von zwei erklärten Variablen und drei erklärenden Variablen systematisiert. Als Untersuchungsobjekt wurde ein Objekt ausgewählt, welches einen relativ hohen Miteinbezug („high involvement") des Käufers beansprucht. Dementsprechend diente ein Fernsehgerät als Untersuchungsgegenstand. Die detaillierte Umsetzung erfolgt in *Kapitel 4* im Rahmen der Erläuterungen des Untersuchungsdesigns.

Die primäre erklärende Variable beschreibt die Persönlichkeit auf Basis des kulturellen Hintergrunds eines Individuums. Abhängig von der (ursprünglichen) Herkunft wird zwischen türkischstämmigen Migranten und Nicht-Migranten, welche keinerlei Migrationshintergrund aufweisen, unterschieden. In den zuvor getätigten begrifflichen und konzeptionellen Abgrenzungen wurde der Begriff des Migranten erläutert. Demgegenüber stehen die in Deutschland lebenden Nicht-Migranten.

Die zweite erklärende Variable, die Informationsquelle, wird ebenfalls durch zwei unterschiedliche Ausprägungen repräsentiert. Im Zuge des Kaufprozesses sucht der Konsument Informationen bzgl. des zu kaufenden Produktes auf unterschiedliche Art und Weise. Externe Bezugsquellen können unter anderem in personelle und neutrale Informationstypen eingestuft werden. Während personelle Quellen immer in Verbindung mit anderen Konsumenten und Empfehlungen gesetzt werden können, basieren neutrale Quellen auf einem objektiven Ausgangspunkt. Die vorgestellte Variable soll somit den Zustand vor dem Zusammentreffen mit dem Verkäufertyp darstellen.

Das Zusammentreffen erfolgt im weiteren Verlauf des Vorgangs. Der Konsument entschließt sich in Folge von Informationsanstrengungen dazu, in einem Geschäft nach dem gewünschten Artikel zu suchen. Dabei trifft er auf den Verkäufer, welcher durch den Verkäufertypus die dritte erklärende Variable im Untersuchungsmodell darstellt. Dieser Faktor ist in der vorliegenden Studie nach relationaler und funktionaler Orientierung des Verkäufers unterteilt. Nachdem das Gespräch mit dem Verkäufer abgeschlossen ist, folgt die Kaufentscheidung, welche anhand der abhängigen Variable Kaufabsicht dargestellt wird. Die Entscheidung erfolgt aufgrund der zuvor beschriebenen Bedingungen der Informationssuche und des Verkäufertyps. Neben der positiv oder negativ ausgefallenen Kaufentscheidung findet eine weitere abhängige Variable Berücksichtigung, die Weiterempfehlungsabsicht. Die folgende *Abbildung 9* zeigt die Komponenten des in dieser Studie verwendeten Untersuchungsmodells im Überblick.

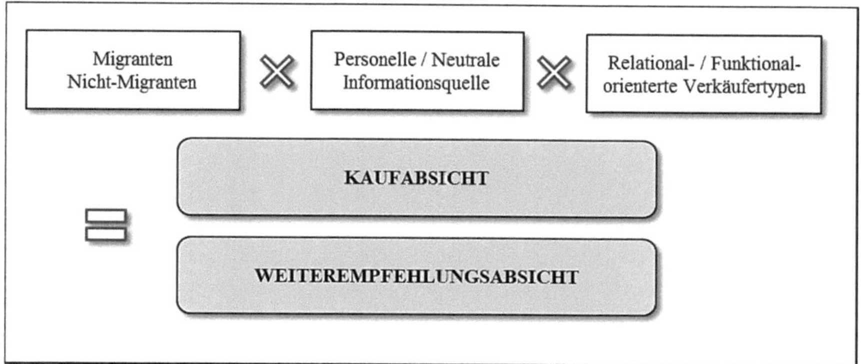

Abbildung 9: Der konzeptualisierte Kaufentscheidungsprozess[13]

3.3 Die direkten Effekte auf die Kauf- und Weiterempfehlungsabsicht

Nachdem im letzten Kapitel alle relevanten begrifflichen Abgrenzungen getätigt und das theoretische Rahmenwerk dargelegt wurde, gilt es in diesem Kapitel die Zusammenhänge der einzelnen Komponenten und sich daraus ableitenden Hypothesen zu formulieren. Im darauf folgenden Kapitel erfolgt eine Überprüfung dieser Hypothesen.

Hofstede entwickelte, wie im vorigen Kapitel beschrieben, mehrere Kulturdimensionen. Diese Dimensionen wurden in einer Vielzahl von Ländern untersucht, darunter auch in Deutschland und der Türkei. Der Fokus dieser Studie liegt sowohl auf den in Deutschland lebenden türkischstämmigen Migranten, als auch auf der einheimischen Gastgeberland-Population. Daher sollen die beiden Länder, Deutschland und die Türkei, anhand ihrer Dimensionsausprägungen verglichen werden. In *Abbildung 10* werden alle zuvor beschriebenen Kulturdimensionen *Hofstedes* mit ihren jeweiligen Ausprägungen, im Vergleich zwischen der Bundesrepublik und der Türkei, aufgeführt.

---

[13] Eigene Darstellung.

Die Daten stammen aus der Datenbank des „The Hofstede Centers" und geben auch Skalenwerte für die Dimensionen Langzeitorientierung und Nachgiebigkeit an. Diese Aspekte werden allerdings im weiteren Verlauf vernachlässigt.

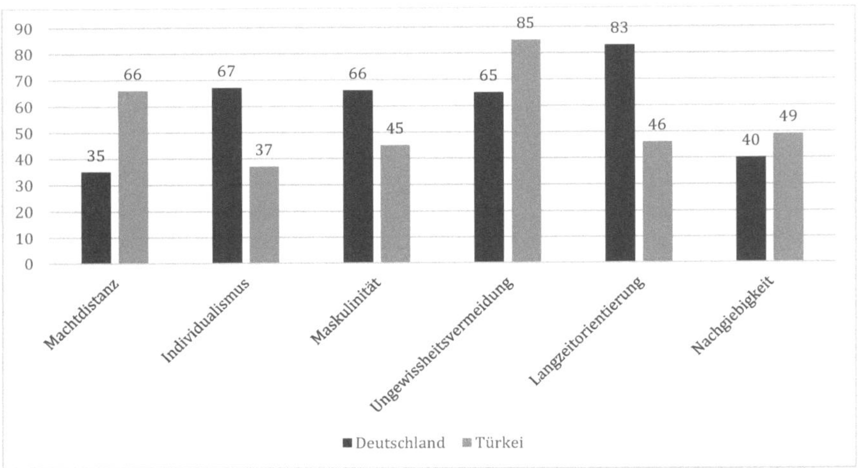

Abbildung 10: Indexwerte der Kulturdimensionen von Deutschland und der Türkei im Vergleich [14]

In dieser Studie stehen die vier Dimensionen Machtdistanz, Individualismus, Maskulinität und Ungewissheitsvermeidung im Mittelpunkt. Die Abbildung bringt die Unterschiede zwischen beiden Ländern deutlich zum Ausdruck.

Während der Machtdistanzindex in Deutschland nur 35 Punkte aufweist, verzeichnet die Türkei 66 Punkte auf dieser Skala. Hier liegt der größte Unterschied der vier betrachteten Dimensionen mit einer Differenz von 31 Punkten. Auch die Individualismus-Dimension weist eine relativ große Spannweite beider Punktzahlen auf. Deutschland kommt hier auf 67 Punkte, wohingegen die Türkei 37 Punkte erreicht. Dies macht einen Unterschied von 30 Punkten aus. Betrachtet man die Unterschiede anhand des Maskulinitätsindex, so zeigt sich eine Differenz von 21 Punkten. Bei der Ungewissheitsvermeidung liegt die Türkei mit 85 Punkten deutlich vor Deutschland mit 65 Punkten. Die Dimension der Langzeitorientierung ist ebenfalls zu erwähnen, welche eine große Diskrepanz in Höhe von 36 Punkten zwischen den Ländern aufweist, und bei

[14] Eigene Darstellung: Daten aus The Hofstede Centre: Cultural Tools: Country Comparison (Hofstede, o.S.).

der diesmal Deutschland einen höheren Wert verzeichnet. Zudem zeigt sich, dass die Nachgiebigkeit mit 49 bzw. 40 Punkten keine größeren Unterschiede zwischen den beiden Ländern zum Ausdruck bringt.

Wie bereits im vorigen *Kapitel 2* veranschaulicht, stellt die Dimension Individualismus das Ausmaß von Abhängigkeitsverhältnissen und die Stärke von individuellen Bündnissen dar. Einheimische aus Deutschland mit individualistischer Prägung stehen somit türkischstämmigen Migranten mit kollektivistischen Einstellungen gegenüber. Die in Deutschland lebenden Menschen mit Migrationshintergrund werden in dieser Studie anhand der Dimensionsausprägungen der Türkei repräsentiert. Dies basiert auf der bereits formulierten Vermutung, dass die erlernte Kultur von nachhaltiger und zeitlich stabiler Natur ist.

Demgegenüber steht die Mainstream-Population, die anhand der Dimensionsausprägungen Deutschlands dargestellt wird. *Abbildung 10* zeigt, dass bei dieser Gegenüberstellung die türkischstämmigen Migranten bzw. die Dimensionsausprägungen der Türkei als kollektivistisch betrachtet werden kann. Kollektivistische Gemeinschaften weisen starke Bündnisse auf, sind besonders loyal gegenüber dem Kollektiv und haben ein ausgeprägtes Zugehörigkeitsgefühl. Individuen in diesen Gemeinschaften fühlen sich für die Gruppe, in welcher sie Mitglied sind, verantwortlich. Das Interesse der Gruppe hat dabei zumeist Vorrang vor individuellen Interessen (Hofstede & Hofstede, 2006, S. 100 ff.).

Den Menschen kollektivistischer Kulturen bzw., in diesem speziellen Fall, den türkischstämmigen Migranten ist es wichtig, sich um die anderen Mitglieder der Gruppe zu sorgen. Das Wohl ihrer Mitmenschen in ihrem näheren Umfeld ist für Migranten somit von großer Bedeutung. Dies hat auch zur Folge, dass positive Erfahrungen und Werte weitergegeben werden. Es wird angenommen, dass diese Erfahrungen auch auf Kaufsituationen übertragbar sind und dass positive bzw. negative Kaufergebnisse weitergegeben werden. Die abhängige Variable Weiterempfehlungsabsicht soll diese mögliche Weitergabe zum Ausdruck bringen. Im Kontrast dazu stehen die individualistischen Kulturen; hier die Nicht-Migranten bzw. Einheimische, welche in der benannten Eigenschaft durch die Dimensionsausprägung Deutschlands abgebildet werden können. Mit einem eher individualistischen Charakter tendieren sie dazu, positive bzw. negative Erfahrungen von Käufen für sich zu behalten.

Deshalb wird angenommen, dass die Weiterempfehlungsabsicht bei türkischstämmigen Migranten stärker als bei Nicht-Migranten ausgeprägt ist. Die erste Hypothese dieser Forschungsarbeit lautet daher:

H_1:	Türkischstämmige Migranten weisen höhere Werte der Weiterempfehlungsabsicht auf als Nicht-Migranten.

Homburg et al. (2010, S. 798 f.) unterteilen die Verkäuferorientierungen innerhalb des Kaufprozesses. Während die funktionale Orientierung mit aufgabenorientierten Handlungsweisen verbunden ist, ist die relationale Orientierung mit dem Ziel verknüpft, eine persönliche Basis als Grundlage der zwischenmenschlichen Beziehung zu den Verbrauchern zu schaffen. Als ultimative Intention letzterer Ausrichtung nennen *Homburg et al.* die Bildung einer langfristigen und beidseitig nutzenbringenden Beziehung.

Um den Erfolg der beiden Orientierungen zu ermitteln, darf die jeweilige Beschaffenheit der Verkaufssituation nicht unberücksichtigt bleiben. Als potenzieller Aspekt wird hierbei der Kommunikationsstil des Kunden benannt. Dieser soll maßgeblichen Einfluss auf die Wirkung der Verkäuferorientierung auf die Kaufabsicht haben. Als Kommunikationsstil ist ein relativ stabiles Kommunikationsmuster zu verstehen, welches die Kommunikationspräferenzen einer Person innerhalb sozialer Interaktionen beinhaltet (McFarland et al., 2006, S. 103).

Laut *McFarland et al.* (2006, S.103 ff.) werden diese Kommunikationsmuster in zwei Arten gegliedert; in interaktions- sowie aufgabenorientierte Kommunikationsmuster. Interaktionsorientierte Kunden sozialisieren sich innerhalb eines Verkaufsgesprächs mit dem Verkaufspersonal. Aufgabenorientierte Kunden hingegen haben eher eine Tendenz dazu, sich auf den Akt des Kaufes zu fokussieren und dabei stark zielorientiert vorzugehen. In dieser Forschungsarbeit wird nicht zwischen diesen beiden Kommunikationsmustern unterschieden, jedoch soll deutlich gemacht werden, dass das Verkäuferverhalten aufgrund der Käuferorientierung variieren kann.

Ob seitens des Käufers eine relationale oder eine funktionale Orientierung erwartet wird, hängt von seinen Verhaltensabsichten ab. Das Ziel des Kunden ist es, Endzustände zu erreichen, die mit positiven Ergebnissen verbunden sind. Es existieren hierzu zwei Motivationssysteme, welche letztlich die Steuerung des Verhaltens beeinflussen. Das eine System basiert auf Zielen, das andere auf Motiven. Die mentale Verankerung beider Konzepte findet auf unterschiedliche Art und Weise statt: „Motive teilen sich dem mentalen Erleben vor allem über Affekte mit, die auf Grund der Wahrnehmung oder der Vorstellung von Zielen angeregt werden. Ziele haben dagegen eine überwiegend sprachlich-symbolische Repräsentation, die nicht notwendigerweise auch Informationen über die affektiven Qualitäten der Zielverfolgung oder -verwirklichung enthalten" (Puca & Langens, 2002, S. 258).

Aufgrund der Tatsache, dass Motive meist unterbewusst und Ziele bewusst vorhanden sind, ist es möglich, dass sich die Einflussfaktoren gegenseitig blockieren. Zwar ist der optimale Zustand die Angleichung der Motive und Ziele; jedoch kann es auch durchaus sein, dass sich beide Aspekte widersprechen. „Als das entwicklungsgeschichtlich Ältere der beiden Systeme sind Motive darauf spezialisiert, Verhalten im Hier und Jetzt zu regulieren und eine kurzfristige Maximierung der Affektbilanz anzustreben. Nur mit Motiven ausgestattet liefen Menschen in Gefahr, ihr Handeln allein den Anreizen ihrer gegenwärtigen Situation zu unterwerfen. Das Verfolgen von Zielen erlaubt dagegen potenziell eine mittel- bis langfristige Maximierung der individuellen Affektbilanz" (Puca & Langens, 2002, S. 259).

Abhängig von ihren Motiven empfinden Kunden demnach die jeweilige Orientierung des Verkäufers subjektiv unterschiedlich. Hierbei ist es möglich, dass ein relational-orientierter Verkäufer nicht immer auf einen interaktions-orientierten Kunden trifft. Auch die Konfrontation mit einem eher aufgabenorientierten Kunden ist durchaus vorstellbar. Die unterschiedlichen Erwartungen können sich widersprechen. Dabei kann es zu negativen Assoziationen kommen, welche sich in einem nächsten Schritt nachteilig auf die Kaufabsicht auswirken können. Der funktional-orientierte Verkäufer hingegen kann dem beschriebenen Zustand durch die Erfüllung normativer Erwartungen teilweise entgehen. Den Überlegungen von *Biddle* zur Rollentheorie folgend besteht die Möglichkeit, dass relational-orientierte Handlungsweisen dagegen sogar negative Konsequenzen nach sich ziehen können, wenn sie nicht den Erwartungen an ein angemessenes Verkäuferverhalten entsprechen (Biddle, 1986, S. 82 ff; Homburg et al., 2010, S. 797). Dies soll anhand folgenden Beispiels verdeutlicht werden:

Der Kunde erwartet den Verkäufer in einer professionellen geschäftlichen Rolle anzutreffen und damit eine funktionale Verkäuferorientierung. Es ist jedoch möglich, dass er einen Verkäufer antrifft, der eine persönliche Verbindung zu seinen Kunden anstrebt. Das Bestreben des Verkäufers nach einer relationalen Interaktion kann aufgrund der Wahrnehmung und Grundeinstellung des Kunden fehlschlagen, da der Verkäufer ein für ihn unaufrichtiges Verhalten ausübt. Dies rührt daher, dass hinter der freundschaftlichen Kommunikation wirtschaftliche, eigennützige Interessen vermutet werden (Henning-Thurau et al., 2006, S. 58 ff.).

Der Erfolg des funktional-orientierten Verkäufers ist hinsichtlich der Erwartungshaltung seitens der Kunden weniger angreifbar, da dieser Verkäufertyp eine in Geschäftsbeziehungen als solide und professionell angesehene Handlungsweise ausübt. Er versucht keine persönliche Beziehung zum Kunden aufzubauen und möchte stattdessen ziel- und aufgabenorientiert beraten. Dies führt zu folgender zweiter Hypothese:

H_2:	Funktional-orientierte Verkäufer führen zu einer höheren Kaufabsicht als relational-orientierte Verkäufer.

3.4 Die Interaktionseffekte auf Kauf- und Weiterempfehlungsabsicht

Nachdem die direkten Effekte aufgezeigt und die beiden dazugehörigen Hypothesen formuliert worden sind, sollen nun die interaktiven Einflüsse untersucht werden. Bereits zuvor wurden die Charakteristika des relational-orientierten Verkaufspersonals beschrieben. Der relational orientierte Verkäufer möchte zu seinen Kunden eine persönliche Bindung aufbauen, um auf diese Weise eine Vertrauensbasis aufbauen, die wiederum den Kaufprozess anregt. Trifft ein solcher Verkäufertyp mit all seinen einnehmenden Eigenschaften auf einen türkischstämmigen Konsumenten, so müsste diese Kombination auf Basis der von *Hofstede* getätigten Untersuchungen harmonieren. Der türkischstämmige Migrant weist auf der Individualismus-Dimension einen niedrigen Wert von 37 auf, was wiederum zu der Feststellung führt, dass türkischstämmige Menschen kollektivistisch veranlagt sind. Dies bedeutet, dass für sie das „Wir-Gefühl" elementar ist. Die Harmonie der interaktiven zwischenmenschlichen Beziehungen ist für sie grundlegend, und muss daher bedingungslos erhalten werden. Die zwischenmenschlichen Beziehungen basieren auf einem moralischen Fundament. Dieses hat grundsätzlich oberste Priorität und steht über der Aufgabenerfüllung. Um eine aufrichtige Beziehung aufzubauen, die auf tiefem Vertrauen basiert, benötigen türkischstämmige Menschen allerdings einen gewissen Zeitrahmen (Hofstede & Hofstede, 2006, S. 100 ff.).

Anders steht es für die aus Deutschland stammenden Nicht-Migranten. Die deutsche Gesellschaft ist individualistisch veranlagt, was sich an einer Punktzahl von 67 auf der Individualismus-Skala *Hofstedes* zeigt. Dies äußert sich beispielsweise dadurch, dass eher kleinere Familien die Regel sind. Innerhalb dieser Verbünde liegt der Fokus auf der Eltern-Kind-Beziehung anstelle einer starken Einbeziehung der restlichen Familienmitglieder, Tanten, Onkel, etc. Das Ideal der Selbstverwirklichung spielt innerhalb der Gesellschaft eine übergeordnete Rolle. Loyalität basiert auf persönlichen Präferenzen sowie auf einem Gefühl für Pflichtbewusstsein und Verantwortung (Leng & Botelho, 2010, S. 263). Anhand dieser Aspekte wird deutlich, dass sich der relational-orientierte Verkäufertyp besser in kollektivistische Gesellschaften einfügt. Übertragen auf diese Forschungsarbeit ist festzuhalten, dass die Bemühungen eines relational-orientierten Verkäufertyps gegenüber einem Konsumenten mit kollektivistischer Veranlagung von größerem Erfolg gezeichnet sein werden. Daher postuliert Hypothese 3:

H_3: Relational-orientierte Verkäufer führen bei türkischstämmigen Migranten zu einer höheren Kaufabsicht als bei Nicht-Migranten.

Funktional-orientierte Verkäufer führen ihre Verkaufsgespräche unabhängig von der Entstehung persönlicher Bindungen. Vielmehr streben sie danach, durch sachliche und fundierte Produktkenntnisse zu überzeugen. Dies ist insbesondere dann notwendig, wenn es um ein Objekt geht, welches mit hohem finanziellem Aufwand und verstärktem Involvement in Bezug gebracht werden kann. Ebenso sprechen eine erhöhte Komplexität des Produktes und das einhergehende Erklärungsbedürfnis für den funktionalen Verkäufertyp. In dieser Forschungsarbeit wird von einem solchen Produkt ausgegangen. Durch die Verwendung eines Fernsehgerätes als Untersuchungsobjekt erhöht sich das funktionale Risiko. Dieses Risiko beinhaltet zwei Faktoren: Zum einen das Ausmaß ungünstiger Konsequenzen beim Kauf eines ungeeigneten Produktes und zum anderen die Intensität der Unsicherheit hinsichtlich der Einschätzung bestimmter Leistungsanforderungen (Dowling, 1986, S. 193 ff.).

Das funktionale Risiko steigt mit der Bedeutung des Produktkaufs aus Kundensicht. Die Angst vor finanziellen Verlusten, welche bei einem Fehlkauf entstehen können, stellt einen der Hauptfaktoren dar. Somit liegt es nahe, dass Verbraucher bei wichtigen Kaufentscheidungen einen höheren Informationsbedarf haben (Murray, 1991, S. 10 ff.; Homburg et al., 2010, S. 800).

Dementsprechend erwarten Konsumenten bei dieser Art von Produkten Verkaufspersonal in der Rolle des Geschäftspartners. Sie legen einen überdurchschnittlichen Wert auf die funktionale Orientierung des Verkäufers, welchen sie im Gegenzug mit Loyalität belohnen können (Homburg et al., 2010, S. 800). *Homburg et al.* (2010, S. 800 f.) postulieren zudem, dass Konsumenten äußerst skeptisch bei riskanten Produktkäufen werden, sobald der Verkäufer die persönliche Beziehung zum Zwecke geschäftlicher Aktivitäten instrumentalisieren will. Die Autoren postulieren, dass der empfundene Nutzen relational-orientierter Geschäftsbeziehungen bei Produkten, die der Konsument als relativ bedeutend empfindet, geringer ist. Da Einheimische laut *Hofstede* als individualistisch anzusehen sind und demnach weniger das Bedürfnis nach einer persönlichen Beziehung während des Kaufvorgangs suchen, wird der vorgestellte Zusammenhang in dieser Konstellation verstärkt. Somit lautet Hypothese 4:

H_4:	Funktional-orientierte Verkäufer führen zu einer höheren Kaufabsicht bei Nicht-Migranten als bei türkischstämmigen Migranten.

In *Kapitel 2* wurde die Theorie des Risikos erläutert. Demnach sucht der Konsument, gezielt nach Wissen über das gewünschte Produkt, um das Risiko einer falschen Kaufentscheidung zu reduzieren. Die in dieser Studie verwendete Unterscheidung nach personellen und neutralen Informationsquellen setzt voneinander abweichende Beweggründe der jeweiligen Nutzung voraus. Es wird angenommen, dass ein Konsument neutrale Informationsquellen verwendet, wenn er sachliche und möglichst objektive Aussagen zu einem Produkt (hier: Fernseher) benötigt. Er sucht sich Informationsmaterial in Form von Büchern, Broschüren oder Artikeln heraus. Ein für Deutschland passendes Beispiel sind die Publikationen der Stiftung Warentest, die zu verschiedenen Produktkategorien veröffentlich werden (Murray, 1991, S. 10, Taylor, 1994, S. 54 f.).

Wenn hingegen ein Konsument personelle Informationsquellen verwendet, so möchte er Informationen und Ratschläge von Vertrauenspersonen einholen. Diese Personen können beispielsweise Freunde, Nachbarn oder Bekannte jeglicher Art sein. Erweitert man dieses Muster der Wissensaufnahme und hinterfragt den Ausgangspunkt einer solchen Entscheidung, wäre es möglich, das Modell *Hofstedes* heranzuziehen. Wie bereits zuvor festgehalten, neigen kollektivistische Gesellschaften, zu denen die türkischstämmige Bevölkerung gehört, gemeinschaftlich zu handeln. Für sie ist das „Wir-Gefühl" von großer Bedeutung (Hofstede & Hofstede, 2006, S. 100 ff.).

Damit liegt es nahe, dass diese Personen eher dazu tendieren, Informationsquellen zur Deckung ihres Informationsbedarfs im Kaufprozess heranzuziehen, die ebenfalls den Gemeinschaftsgedanken widerspiegeln. Sie suchen nach Meinungen und Ratschlägen von Personen, zu denen sie ein Vertrauensverhältnis aufgebaut haben. Durch die Empfehlung eines Freundes neigen sie viel mehr dazu, eine Produktentscheidung zu treffen. Das Vertrauen entstammt der Annahme, andere Personen im Kollektiv würden ebenso im Sinne der Gemeinschaft handeln. Menschen, die derselben Art Gruppierung angehören, wird somit Verantwortlichkeit und Loyalität zugesprochen. Dies führt zu der folgenden Hypothese:

H_5:	Personelle Ressourcen führen zu einer höheren Kaufabsicht bei türkischstämmigen Migranten als bei Nicht-Migranten.

Um dem Risiko des potentiellen Verlusts zu entgehen, greifen Menschen zu bestimmten Methoden. Dies geschieht, wie in *Kapitel 2* erläutert, auf unterschiedliche Art und Weise, wobei in dieser Studie die Suche externer Informationsquellen im Fokus steht. Dabei hat der Nicht-Migrant, d.h. der Einheimische, grundsätzlich zwei Möglichkeiten. Aufgrund der bereits zuvor erläuterten individualistischen Tendenz, werden sich Personen aus der Gastgebergemeinschaft weniger mit wertebeladenen Ressourcen auseinandersetzen, sondern vielmehr Quellen nutzen, die objektiver Natur sind. Es besteht die Möglichkeit durch Bezugsquellen wie Broschüren, (Online-) Artikel oder Bücher Informationen über das gewünschte Objekt einzuholen. Von großer Bedeutung ist dabei, dass es sich um möglichst unbeeinflusste und unvoreingenommene

Quellen handelt. Dies bedeutet, dass sich die angesprochene Konsumentengruppe ein individuelles Bild und eine persönliche Meinung von den jeweiligen Produkteigenschaften machen wollen. Dagegen besteht wenig Interesse daran, bei der Suche nach dem gewünschten Kaufobjekt, durch die Menschen in ihrer näheren Umgebung unterstützt zu werden. Somit fühlen sie sich auch nicht verpflichtet, anderen Personen in ihrer Gemeinschaft Ratschlägen bei Kaufentscheidungsprozessen zu geben. Durch ihre individuelle Prägung glauben sie an das Ideal der Selbstverwirklichung, das auf der Entfaltung eigener Kompetenzen beruht. Ratschläge von Freunden könnten ihre Ansicht unsachlich verzerren.

Fundamental für *Hofstedes* Individualismus-Dimension ist der Grad an Interdependenz, den eine Gesellschaft zwischen ihren Mitgliedern aufweist. In individuellen Gesellschaften ist nur der engste Familienbund von hoher Relevanz. Weiter entfernte Mitglieder der Gesellschaft spielen im täglichen Leben eine eher untergeordnete Rolle. Die Einheimische Mainstream-Population weist vielmehr die Ausprägung des „Ich-“ als des „Wir-Gefühls“ auf. (Hofstede & Hofstede, 2006, S. 100 ff.). Sie tendiert somit eher zur Nutzung von neutralen Ressourcen, welche möglichst unvoreingenommen sind, anstatt sich auf personelle Ressourcen zu verlassen, die stets wertbeladen sind und Vertrauen voraussetzen. Es ergibt sich daher folgende Hypothese:

H_6:	Neutrale Ressourcen bewirken eine höhere Kaufabsicht bei Nicht-Migranten als bei türkischstämmigen Migranten.

Bereits zuvor wurde die differenzierte Wirkung von personellen Ressourcen und neutralen Ressourcen auf Nicht-Migranten und Migranten diskutiert und in Form von Hypothesen festgehalten. An dieser Stelle soll nun die Kaufabsicht in Verbindung mit den jeweiligen Ressourcentypen näher betrachtet werden. Während sich aufgrund *Hofstedes Individualismus* Dimension die türkischstämmige Bevölkerung als kollektivistisch darstellt und somit hinsichtlich des Kaufentscheidungsprozesses eine Präferenz für personelle Ressourcen vermuten lässt, so kann die einheimische deutsche Bevölkerung als eher individualistisch eingestuft werden. Letztere bevorzugt die Nutzung neutrale anstelle personeller Ressourcen zur Vorbereitung der Kaufentscheidung. Als eine weitere Dimension *Hofstedes* ist in diesem Kontext die *Unisicherheitsvermeidung* zu erwähnen. Diese basiert auf dem Fakt, dass die Zukunft niemals sicher vorausgesagt werden kann. Hierbei ist die Umgangsweise der jeweiligen Gesellschaft mit diesem Faktum von zentraler Bedeutung. Es existieren Personen, die sich um die Kontrolle des Ungewissen bemühen und solche, die die Dinge auf sich zukommen lassen. In beiden Fällen sorgt die Zweifelhaftigkeit in den Gesellschaften für eine gewisse Besorgnis. Einige Gruppierungen haben allerdings gelernt, mit unterschiedlichen Strategien auf diese Ungewissheit zu reagieren (Leng & Botelho, 2010, S. 263).

Der Unsicherheitsvermeidungsindex repräsentiert das Ausmaß des Besorgnis-Gefühls innerhalb von Gesellschaften im Zuge ungewisser Situationen. Darüber hinaus gibt er Auskunft darüber, inwieweit Kulturkreise diesem Gefühl durch Glauben und Institutionen entgegenkommen. Deutschland weist eine Punktzahl in Höhe von 65 auf. Dies sagt aus, dass die deutsche Kultur als eher unsicherheitsvermeidend gilt. Eine noch höhere Punktzahl hat die Türkei mit 85 Punkten. Nach *Hofstede* besteht demnach bei beiden Kulturen eine Tendenz zu deduktiven Herangehensweisen. Dies zeigt sich in der Art des Denkens, des Präsentierens und Planens. Bei diesen Handlungen muss ein systematischer Überblick für den Agierenden bestehen. Auch bei der Beschaffenheit von Gesetzen und Regelwerken spiegelt sich diese Denkweise wider (Hofstede & Hofstede, 2006, S. 229 ff.).

Eine durchdachte Ausarbeitung fordert eine detailgetreue Organisation. Zwar sind diese Eigenschaften sowohl auf die türkische als auch auf die deutschen Gesellschaft zutreffend; jedoch taucht die Unsicherheitsvermeidung deutlich stärker in türkischen Gemeinden auf. Demnach lässt sich zusammenfassend festhalten, dass die türkischstämmige Bevölkerung eine stärkere unsicherheitsvermeidende Ausprägung aufweist als die einheimische Mainstream-Population. Diese Unsicherheit werden türkische Gemeindemitglieder durch die Nutzung personeller Ressourcen ausgleichen, was sich wiederum in dieser Konstellation in einer hohen Kaufabsicht widerspiegelt. Überwinden Türkischstämmige durch persönliche Ratschläge ihre Angst vor dem Ungewissen führt dies eher zu einer tatsächlichen Kaufsituation als bei deutschen Konsumenten, die auf der Basis objektiver Daten vergleichend tätig sind und die Kaufentscheidung oft hinauszögern.

Daher wird der Effekt der kulturbedingt optimalen Informationssuche und -nutzung höchstwahrscheinlich im Fall der türkischstämmigen Bevölkerung von größerem Ausmaß sein. Zusammenfassend gilt somit:

H_7:	Die Kaufabsicht von türkischstämmigen Migranten, die personelle Ressourcen verwenden, ist insgesamt stärker als die Kaufabsicht von Nicht-Migranten, die neutrale Ressourcen verwenden.

Dass türkischstämmige Migranten vielmehr mit personellen Ressourcen harmonieren als mit neutralen, wurde bereits in vorigen Hypothesen festgehalten. Der Einklang zwischen neutralen Ressourcen und den einheimischen Nicht-Migranten wurde ebenfalls erfasst. Nun sollen diese beiden Aspekte in Bezug auf die Weiterempfehlungsabsicht gegenübergestellt werden. Migranten verwenden Informationen, um ihr Risiko eines Fehlkaufs bzw. das allgemeine finanzielle Risiko zu mindern. Dieses Risikoempfinden ist bei Migranten ausgeprägter als bei Nicht-Migranten. Die zahlenbasierte Grundlage für diese Vermutung liegt in der höheren Ausprägung des Unsicherheitsvermeidungsindexes.

Die Toleranz gegenüber nicht vollständig vorhersehbaren Situationen ist bei der türkischen Kultur geringer. Folglich kann die Aussage getroffen werden, dass das Ausmaß des daraus resultierenden Bedrohungsgefühls bei den türkischstämmigen Migranten ausgeprägter ist. Somit streben türkischstämmige Menschen stärker dazu, Ungewissheit zu vermeiden und suchen infolgedessen vermutlich stärker nach Ressourcen zur Informationsgewinnung. Der positive Effekt einer erfolgreichen Informationsgewinnung, der schließlich auf die Wahrscheinlichkeit der Weiterempfehlungsabsicht wirkt, wird infolgedessen in diesem Kulturkreis stärker ausfallen. Basierend auf *Hofstedes* Studie kann die Absicht, das entsprechende Produkt bzw. den Service, den der Konsument erlebt hat, an weitere Personen weiterzuempfehlen durch den kulturellen Hintergrund verstärkt werden (Hofstede & Hofstede, 2006, S. 229 ff.).

Bei Nicht-Migranten ist die Toleranz gegenüber Unsicherheiten und unbekannten Situationen im Vergleich zu den türkischstämmigen Migranten höher. Angenommen wird, dass sie eher auf neutrale Ressourcen zurückgreifen. Da Nicht-Migranten allerdings Unsicherheit weniger stark zu vermeiden suchen, wird der Effekt der Informationsgewinnung auf die Weiterempfehlungsabsicht schwächer ausfallen als bei den Migranten. Grundsätzlich lässt sich an dieser Stelle auch die geringere Interaktion zwischen Mitgliedern des deutschen Kulturkreises festhalten. Wie bereits erläutert, besteht innerhalb der deutschen Gemeinschaft wenig Interesse daran, im Kaufentscheidungsprozess durch persönliche Ratschläge unterstützt zu werden. Somit halten sich Personen dieses Kulturkreises auch mit eigenen Empfehlungen zurück. Daher postuliert *Hypothese 8*.

H_8: Die Weiterempfehlungsabsicht von türkischstämmigen Migranten, die personelle Ressourcen verwenden, ist insgesamt stärker als die Weiterempfehlungsabsicht von Nicht-Migranten, die neutrale Ressourcen verwenden.

4 Empirische Überprüfung der postulierten Zusammenhänge

4.1 Erläuterungen zur Konzeption der Varianzanalyse

Die Varianzanalyse ist eine Form der Dependenzanalyse. Es wird untersucht, ob ein zuvor vermuteter Zusammenhang, welcher in Form einer Hypothese festgehalten wurde, durch die empirische Befragung und anhand des daraus resultierenden Datenmaterials bestätigt werden kann. Dabei ist ein kausaler Zusammenhang zwischen den Variablen möglich. Ist dies der Fall, so können die abhängigen Variablen zu einem gewissen Teil durch die unabhängigen Variablen erklärt werden. Anhand eines zuvor veranschaulichten Modells wird somit untersucht, wie Variablen miteinander in Beziehung stehen (Kuß & Eisend, 2010, S. 225). Während die unabhängigen Variablen dabei lediglich ein nominales Skalenniveau aufweisen müssen, ist bei abhängigen Variablen ein metrisches Skalenniveau Voraussetzung für die Durchführung der Analyse (Backhaus et al., 2008, S. 152).

In dieser Studie wird die Varianzanalyse als multivariates Verfahren angewandt. Es existieren drei unabhängige Variablen sowie zwei abhängige Variablen. Die unabhängigen Variablen *Persönlichkeit* des Konsumenten, verwendete *Informationsquelle* und *Verkäufertyp* können einen Einfluss auf die beiden abhängigen Variablen *Kaufabsicht* und *Weiterempfehlungsabsicht* haben. Diese Variablen wurden ausgewählt, um den Kaufentscheidungsprozess möglichste realitätsnah darzustellen. Da der Konsument die Persönlichkeitsmerkmale bereits in sich trägt, wird sich dieser zunächst aktiv mit der Informationssuche im Kaufprozess auseinandersetzen. Anschließend trifft er auf den Verkäufer. Nach dem Verkaufsgespräch steht der Konsument dann der Kaufentscheidung gegenüber, welche sich durch die abhängige Variable der Kaufabsicht ausdrückt. Im weiteren Verlauf des Prozesses, nachdem der Konsument das Kaufentscheidungsszenario verlassen hat, steht er gedanklich vor der Entscheidung, das Erlebte weiterzuempfehlen. Er muss sich, unabhängig davon, ob er sich zum Kauf oder Nicht-Kauf entschieden hat, noch einmal mit den verschiedenen Stufen des Kaufprozesses auseinandersetzen.

Zur Auswertung von Experimenten gilt die Varianzanalyse als bedeutungsvollstes Analyseverfahren, da sie für die Durchführung von Vergleichen zwischen Gruppen besonders geeignet ist. Die unabhängigen Variablen werden dabei als Faktoren betitelt, ihre Ausprägungen werden Faktorstufen genannt. Abhängig von der Anzahl an Faktoren, unterscheidet man die verschiedenen Arten der Varianzanalyse. Da in dieser Studie drei unabhängige Variablen und zwei abhängige Variablen verwendet werden, findet eine sogenannte mehrdimensionale Varianzanalyse Anwendung (Backhaus et al., 2008, S. 152 f.). In der vorliegenden Studie werden die (interdependenten) Wirkungen der Persönlichkeit bzw. des persönlichen Hintergrunds, der verwendeten Informationsquelle und des Verkäufertyps auf die Kauf- und Weiterempfehlungsabsicht untersucht.

Zur Veranschaulichung der Systematik und des Grundgedankens der Varianzanalyse wird im Folgenden auf ein einfaktorielles Modell mit einer unabhängigen und einer abhängigen Variablen zurückgegriffen. *Kuß & Eisend* (2010, S. 248 f.) beschreiben das Basismodell der einfaktoriellen Varianzanalyse wie folgt.

$$y_{ij} = GM + a_i + e_{ij}$$

Es gilt dabei:

y_{ij} der gemessene Wert der abhängigen Variable für Beobachtung j aus Gruppe i

GM Gesamtmittelwert aus allen Messwerten der Erhebung

a_i Einfluss der Zugehörigkeit zu Gruppe i (also unabhängige Variable)

e_{ij} Fehlerwert („error"), der den Unterschied zwischen Messwert y_{ij} und den typischen Wert der Gruppe i angibt

Es ist ersichtlich, dass hierbei eine Einteilung der einzelnen Messwerte der abhängigen Variable in folgende Kategorien erfolgt: Gesamtmittelwert, Gruppenmittelwert und die Abweichung des Einzelwertes vom Gruppenmittelwert. Ähnlich wie bei der Regressionsanalyse wird bei der Varianzanalyse zwischen erklärter und unerklärter Varianz der abhängigen Variable differenziert, worauf der Name der Analysemethode beruht (Kuß & Eisend, 2010, S. 248 f.). So postulieren *Kuß & Eisend* (2010, S. 248): „Der Einfluss der unabhängigen Variablen (Gruppenzugehörigkeit) wird anhand der Relation zwischen erklärter Varianz und unerklärter Varianz beurteilt". Das Hauptaugenmerk der Varianzanalyse liegt darin, einen Vergleich zwischen den Varianzen der abhängigen Variablen innerhalb der Gruppen und den Varianzen zwischen den Gruppen zu ziehen. Sollte die Varianz zwischen den Gruppen größer sein, als die Varianz innerhalb der Gruppen, so ist von einem Einfluss der unabhängigen Variable auf die abhängige Variable auszugehen (Kuß & Eisend, 2010, S. 250). Der Gesamtmittelwert aller Beobachtungen wird anhand von $\bar{y}$ ausgedrückt. Die Gruppenmittelwerte der Gruppen A und B werden durch $\bar{y}_A$ und $\bar{y}_B$ beschrieben. Des Weiteren lauten zwei beobachtete Messwerte aus den jeweiligen Gruppen y_{Ai} und y_{Bi}.

Außerdem ist angegeben, welcher Bestandteil der Abweichungen durch die Zuordnung zu den jeweiligen Gruppen *A* bzw. *B* erklärt werden kann. Der Einfluss der unabhängigen auf die abhängige Variable wird anhand des Anteils der Gesamtvarianz, der durch die unabhängigen Variablen erklärt wird, untersucht. In *Abbildung 11* werden die Zusammenhänge noch einmal veranschaulicht:

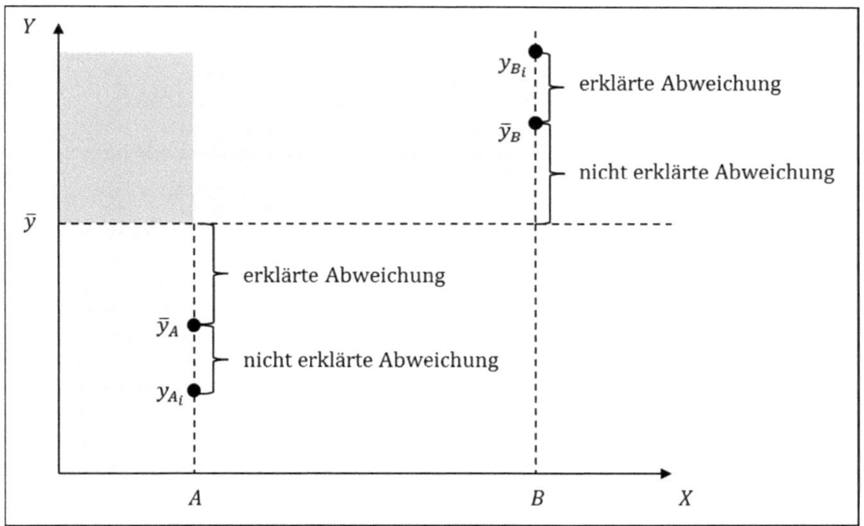

Abbildung 11: Zuteilung erklärter und nicht erklärter Abweichungen der Mittelwerte im Rahmen der einfaktoriellen Varianzanalyse [15]

Zur Veranschaulichung der einzelnen Komponenten der Analyse, stellen *Backhaus et al.* (2008, S. 156) die Zerlegung der Gesamtabweichung wie in der folgenden Abbildung veranschaulicht dar:

Gesamtabweichung	=	Erklärte Abweichung	+	Nicht-erklärte Abweichung

[15] Eigene Darstellung in Anlehnung an Kuß & Eisend (2010, S. 251).

Summe der quadrierten Gesamtabweichungen	=	Summe der quadrierten Gesamtabweichungen zwischen den G Gruppen	+	Summe der quadrierten Abweichungen von je K Messwerten innerhalb der G Gruppen
$\sum_{g=1}^{G}\sum_{k=1}^{K}(y_{gk} - \bar{y})^2$		$\sum_{g=1}^{G} K(\overline{y_g} - \bar{y})^2$		$\sum_{g=1}^{G}\sum_{k=1}^{K}(y_{gk} - \bar{y}_g)^2$
$SS_{t(otal)}$		$SS_{b(etween)}$		$SS_{w(ithin)}$

Abbildung 12: Veranschaulichung der Komponenten der Gesamtabweichung[16]

Die Abkürzung *SS* mit den jeweiligen Indexwerten bedeutet dabei „sum of squares". Die Indexbezeichnungen *t,b* und *w* stehen jeweils für „total", „between" und „within" und sollen die jeweilige Zugehörigkeit der Abweichung kennzeichnen (Kuß & Eisend, 2010, S. 251 f.; Backhaus et al., 2008, S. 158).

Um von einem signifikanten Einfluss der unabhängigen Variablen auf die abhängigen Variablen ausgehen zu können, muss weiterhin der sogenannte *F-Test* durchgeführt werden. Zentral ist dabei, dass der überwiegende Teil der Gesamtvarianz durch die Gruppenzugehörigkeit erklärt wird. Dies bedeutet, dass die Gruppen in sich homogen sein sollten, jedoch sichtbare Unterschiede bei ihren Mittelwerten aufweisen. Der F-Test stellt erneut die Beziehung zwischen erklärter und nicht erklärter Abweichung dar. Ein Vergleich beider Größen kann Auskunft über die Bedeutung der unabhängigen Variablen in Relation zu den nicht erfassten Einflüssen geben. Die Berechnung der Abweichungen geschieht wie folgt:

Mittlere quadratische Gesamtabweichung:	:	$\boldsymbol{MS_t = \frac{SS_t}{G \cdot K - 1}}$
Mittlere quadratische Abweichung zwischen den Faktorstufen	:	$MS_b = \frac{SS_b}{G - 1}$
Mittlere quadratische Abweichung innerhalb der Faktorstufen	:	$MS_w = \frac{SS_w}{G \cdot (K - 1)}$

Abbildung 13: Mittlere quadratische Abweichung

[16] Eigene Darstellung in Anlehnung an Kuß & Eisend (2010, S. 251 f.); Backhaus et al. (2008, S. 156).

Wenn bei gegebener Gesamtvarianz MS_w null wäre, dann könnte abgeleitet werden, dass MS_t allein durch die experimentelle Variable erklärt wird. *Backhaus et al.* (2008, S. 158) postulieren, dass „je größer MS_w sei, desto geringer müsse gemäß dem Grundprinzip der Streuungszerlegung ($SS_t = SS_b + SS_w$) der Erklärungsanteil der experimentellen Variablen sein. Je größer demnach MS_b im Verhältnis zu MS_w sei, desto eher könne eine Wirkung der unabhängigen Variablen angenommen werden". Im Nenner der Formeln befinden sich die Werte der Freiheitsgrade (Kuß & Eisend, 2010, S. 252; Backhaus et al., 2008, S. 157). Darauf aufbauen wird der empirische F-Wert anhand der folgenden Berechnung gebildet: $F_{emp} = \frac{MS_b}{MS_W}$.

Hiermit lässt sich die Beziehung zwischen erklärter (Abweichung zwischen den Gruppen) und nicht erklärter Abweichung (Abweichung innerhalb der Gruppen) darstellen. Durch den Vergleich des empirischen und theoretischen F-Wertes ist schlussendlich eine Aussage über die Signifikanz der jeweiligen Hypothese, die zuvor formuliert wurde, machbar. Wenn der empirische F-Wert größer als der theoretische F-Wert ist, so kann daraus gefolgert werden, dass tatsächlich ein Einfluss des Faktors existiert (Kuß & Eisend, 2010, S. 252; Backhaus et al., 2008, S. 159 f.).

Die erläuterten Berechnungen wurden in dieser Studie durch die Nutzung der Statistik Software SPSS durchgeführt. Dazu werden in den nächsten Unterkapiteln weitere Erklärungen folgen. Es ist zu betonen, dass in dieser Studie, anders als in dem aufgezeigten Veranschaulichungsbeispiel, eine mehrdimensionale Varianzanalyse zur Anwendung kommt. Analysiert wurde der Einfluss von drei unterschiedlichen Faktoren mit jeweils zwei Faktorstufen auf zwei, voneinander verschiedene, abhängige Variablen. Hierbei kann die Aufdeckung von Interaktionseffekten, die neben den Haupteffekten bestehen und interdependente Wirkungen aufzeigen, besonders aufschlussreich sein (Holling & Schmitz, 2010, S. 455). Ferner sind die Prämissen der Varianzanalyse, die erfüllt werden sollten und nachstehen aufgelistet sind, von großer Bedeutung:

- unter den Probanden sollten sich keine Ausreißer befinden;
- eine Zufallsauswahl ist erforderlich; eine Wirkung systematischer Fehler auf die Ergebnisse darf nicht gegeben sein;
- die Größe der einzelnen Gruppen sollte die Mindestgröße von 20 übersteigen;

- Varianzhomogenität muss gegeben sein, die Varianzen innerhalb der Gruppen müssen weitestgehend gleich (homogen) sein;
- die Grundgesamtheit der empirischen Untersuchung erfordert eine Normalverteilung (Berekoven et al., 2009, S. 205).

4.2 Aufbau und Operationalisierung der Studie

Im Folgenden interessieren das Design der empirischen Untersuchung und der Aufbau der Studie. Dabei richtet sich das Augenmerk auch auf die Operationalisierung der Konstrukte. Die Studie fand internetbasiert statt. Dies setzte die Programmierung des Fragebogens voraus, welche mithilfe der Internet-Plattform „SoSci Survey" realisiert wurde. Zum Abrufen des Fragebogens wurde ein Online-Link erstellt, mithilfe dessen Probanden auf den Fragebogen zugreifen konnten. Die Studie bestand aus vier verschiedenen Szenarien, die im Verlauf dieses Kapitels beschrieben werden. Hierbei war es von großer Bedeutung, dass jedes Szenario von einer ausreichenden Anzahl an Probanden durchlaufe wurde. Die Einbindung einer Zufallsauswahl war notwendig, um die Probanden nach dem Eingeben der Internetadresse zufällig mit einem Szenario zu konfrontieren. Damit wurde die Methode des „between subject design" angewandt. Dies bedeutet, dass jede Testperson mit lediglich einer Faktorkombination konfrontiert wurde, um eine Beeinflussung durch bereits durchlaufene Szenarien zu verhindern (Pany & Reckers, 1987, S. 40 f.).

Die empirische Untersuchung fand, wie bereits erwähnt, auf Basis von drei Faktoren mit jeweils zwei Faktorausprägungen und zwei abhängigen Variablen statt. Der erste Faktor, die Persönlichkeit bzw. persönliche Herkunft wurde anhand von zwei Fragen ermittelt, um die Probanden in eine der beiden Gruppen einordnen zu können. Entweder hatte der Proband einen türkischstämmigen Hintergrund, d.h. das Individuum selbst oder mindestens ein Elternteil wiesen einen Migrationshintergrund auf, oder der Proband stammte aus Deutschland. Personen aus anderen Kulturkreisen wurden bewusst von der Befragung ausgeschlossen. Zur Teilnahme an der Studie, musste eine der folgenden Fragen bejaht werden:

1. Sind Sie oder mindestens einer Ihrer Elternteile aus der Türkei nach Deutschland eingewandert?

2. Stammen Sie aus Deutschland? (Sie sowie Ihre Eltern sind nicht nach Deutschland eingewandert).

Anhand der Antworten konnte die Herkunft des Probanden bestimmt und somit eine Einordnung in eine der beiden Gruppen erzielt werden. Nachdem die Probanden diese einleitenden Fragen beantwortet hatten, folgte für die qualifizierten Probanden das Szenario. Dieses Szenario bestand aus zwei verschiedenen Teilen bzw. vier Modulen welche die unterschiedlichen Faktorausprägungen beinhalteten. Der erste Teil behandelte die Informationssuche des Probanden. Diese wurde anhand der Medien beschrieben, die der Proband vor der Konfrontation mit dem Verkäufer genutzt hat. Diese waren entweder personeller oder neutraler Natur.

Das intensive Hineinversetzen des Probanden in die jeweilige Situation war hierbei eine Grundvoraussetzung für den Erfolg des Experiments. Der zweite Teil beschrieb die Verkaufssituation. In diesem Teil wurde die Interaktion mit dem jeweiligen Verkäufertypen veranschaulicht. Es handelte sich dabei entweder um eine Situation mit einem relational-orientierten oder funktional-orientierten Verkäufer. Auch in diese Situation musste sich der Proband hineinversetzen. Die Module, auf deren Basis das jeweilige Szenario erstellt wurde, lauteten wie folgt:

Neutrale Informationsquelle

Sie haben sich vorgenommen heute einen neuen Fernseher in einem Elektronik-Fachmarkt zu kaufen. Vorab haben Sie sich in Broschüren und Artikeln einen Überblick über das Sortiment verschafft. Sie haben eher nach neutralen Informationsquellen gesucht und weniger nach Empfehlungen von Freunden und Bekannten.

Personelle Informationsquelle

Sie haben sich vorgenommen heute einen neuen Fernseher in einem Elektronik-Fachmarkt zu kaufen. Vorab haben Sie sich Ratschläge von Freunden und Bekannten geben lassen. Sie haben sich persönliche Empfehlungen eingeholt und weniger in Fach-Zeitschriften gesucht.

Abbildung 14: Modul Informationsquelle

Nach dem Lesen der Szenarien sollten drei unterschiedliche Fragen zur ersten abhängigen Variable, der Kaufabsicht, beantwortet werden. Die Operationalisierung dazu fand auf Basis der Indikatoren von *Dodds et al.* (1991, S. 318) statt. Unter anderem wurde diese Indikatorwahl auch von *Sweeney et al.* (1991, S. 90) genutzt.

Funktional-orientierter Verkäufertyp

Der Verkäufer des Fachmarktes kennt sich gut mit dem Sortiment und mit dem von Ihnen gewünschten Produkt aus. Aufgrund seiner sehr guten Produktkenntnisse kann er Ihnen sofort eine interessante Auswahl an Fernsehern zeigen. Der Verkäufer zeigt Ihnen Qualitätsunterschiede, die für Sie interessant sind und die Sie nicht bedacht hatten. Dies hilft Ihnen bei Ihrer Entscheidung.

Einige Male ergeben sich längere Pausen im Gespräch, z. B. als Sie zwischen zwei Marken schwanken. Manche Verkäufer versuchen solche Pausen mit persönlichen Erfahrungen oder persönlichen Fragen zu füllen. Ihr Verkäufer dahingegen bleibt immer sehr sachlich.

relational-orientierter Verkäufertyp

Der Verkäufer des Fachmarktes kommt auf Sie zu und fragt, welcher Fernsehertyp es sein soll. Er erzählt von seinen persönlichen Erfahrungen aus einem zuvor getätigten privaten Fernseherkauf.

Während des Gesprächs laufen Sie an verschiedenen Fernsehern vorbei, zu denen er unterschiedliche private Meinungen hat. Bei manchen Verkäufern konzentriert sich das Gespräch ausschließlich auf die Ware. Im Gegensatz zu solchen sachlichen, zurückhaltenden Typen von Verkäufern lernen Sie Ihren Verkäufer auch als Person mit eigenen Meinungen, privaten Vorlieben und Erfahrungen kennen.

Abbildung 15: Modul Verkäufertyp

In dieser Studie wurden die Aussagen dabei vom Englischen ins Deutsche übersetzt und modifiziert. Es ist erwiesen, dass bestimmte Kennzeichen der Bewertungsskalen einen systematischen Effekt auf die Antworten der Probanden haben können (Schwarz et al., 1988, S. 107 ff.). Somit ist es von großer Bedeutung eine geeignete Bewertungsskala auszuwählen. In der vorliegenden Studie wurde eine Multi-Item-Skala zur Einschätzung der abhängigen Variablen verwendet.

Das zentrale Charakteristikum der Multi-Item-Skalen besteht darin, „dass sich der Messwert für ein Konzept (bzw. Konstrukt) durch die Zusammenfassung der Angaben einer Auskunftsperson zu einer gewissen Zahl von Einzelfragen (Items) ergibt“ (Kuß & Eisend, 2010, S. 88). Als eine bestimmte Form dieser Item-Skalen kommt die Likert-Skala in der Praxis besonders häufig zur Anwendung.[17] In der vorliegenden Arbeit repräsentiert der Antwortwert 1 die Aussage „stimme gar nicht zu“ und der Wert 7 die Aussage „stimme voll und ganz zu“. Folgende Einschätzungen auf einer solchen Skala von 1 bis 7 in Bezug auf das zuvor erwähnte Szenario wurden von den Probanden gefordert:

[17] Die Skala ist nach dem Sozialforscher Likert benannt (Kuß & Eisend, 2010, S. 89).

Ich würde es in Betracht ziehen, den Fernseher in diesem Geschäft zu kaufen.
Ich würde dieses Produkt in diesem Laden kaufen.
Es besteht eine große Wahrscheinlichkeit, dass ich dieses Produkt in diesem Geschäft kaufen werde.

Die Formulierungen zu den Einschätzungen der zweiten abhängigen Variablen, der Weiterempfehlungsabsicht, lauteten:

Ich würde dieses Geschäft jemandem empfehlen, der meinen Rat sucht.
Ich berichte positive Dinge über das Geschäft in meinem Umfeld.
Ich würde dieses Geschäft anderen Personen empfehlen.

Die Aussagen wurden den Probanden ebenfalls mit sieben Antwortstufen vorgelegt, wobei der Wert 1 erneut „stimme gar nicht zu" und der Wert 7 „stimme voll und ganz zu" zugeordnet war. Die Basis für diese Operationalisierung stammt von Price & Arnould (1999, S. 54). Auch hier wurden die Aussagen ins Deutsche übersetzt und angepasst.

Anschließend fand ein sogenannter Manipulationscheck statt. Im Mittelpunkt dieses Tests steht die Wahrnehmung der unabhängigen Variablen durch die Probanden. Im Speziellen interessiert, ob die Beeinflussung der abhängigen Variablen auf die unterschiedlichen Faktorstufen der unabhängigen Variablen zurückzuführen sind (Eschweiler et al., 2007, S. 549; Backhaus et al., 2011, S. 183). Aufgrund der Tatsache, dass die Manipulation des Käufertyps durch die Beschreibung des Szenarios nur indirekt erfolgte, wurde die Wahrnehmung der Probanden überprüft. Die Nutzung der Informationsquelle kann dagegen als eindeutig eingestuft werden und bedarf keiner weiteren Prüfung. Der Manipulationscheck wurde anhand folgender Aussage, unter erneuter Verwendung einer Likert-Skala von 1 bis 7, durchgeführt:

Der Verkäufer hat sich ausschließlich darauf konzentriert, den Kunden (mich) bei dem Kauf des Fernsehers zu beraten. Persönliche Aspekte haben während des Gesprächs keine Rolle gespielt.

Die Skala reichte abermals von „stimme gar nicht zu“ bis „stimme voll und ganz zu“. Anschließend wurden diverse weitere Informationen über die Probanden erhoben, welche Einfluss auf die vermuteten Zusammenhänge haben könnten. Zur Beantwortung dieser Zusatzinformationen dienten dem Probanden ebenfalls sieben Skalenpunkte. Diese lauteten wie folgt:[18]

Wie gut kennen Sie sich mit Fernsehern aus?	(sehr schlecht - sehr gut)
Wie wichtig sind Ihnen Markenprodukte?	(unwichtig sehr - wichtig)
Wie impulsiv würden Sie ihr Kaufverhalten im Allgemeinen einschätzen?	(überhaupt nicht impulsiv - sehr impulsiv)
Würden Sie sich eher als introvertierten oder extrovertierten Menschen sehen?	(vollkommen introvertiert - vollkommen extrovertiert)

Ferner wurde eine Frage zum Zugehörigkeitsempfinden der türkischstämmigen Migranten gestellt. Der Untersuchungsleiter wollte damit prüfen, inwieweit bereits kulturelle Integrationsprozesse stattgefunden haben. Die Frage konnte entweder bejaht oder abgelehnt werden. Ferner war es für die einheimische Bevölkerung möglich, „nicht zutreffend“ zu wählen. Die Frage lautete:

Falls Sie oder mindestens einer Ihrer Elternteile aus der Türkei nach Deutschland eingewandert sind: Sehen Sie sich persönlich als einen Migranten?

Im Anschluss wurden weiterhin allgemeine Fragen zur Person des Probanden gestellt. Diese soziodemographischen Daten können bei der Interpretation der Ergebnisse von Bedeutung sein. Neben dem Geschlecht der Probanden, wurden das Alter sowie der bisher erreichte Bildungsabschluss erfragt. Dabei konnte aus neun verschiedenen Möglichkeiten gewählt werden, welche von „Schule beendet ohne Abschluss“ bis „Fachhochschul- bzw. Hochschulabschluss“ reichten. Die berufliche Qualifikation bzw. derzeitige Tätigkeit wurde auf Basis von sieben Antwortmöglichkeiten erfasst. Diese schloss Personen mit ein, die sich noch in der Ausbildung befanden, sowie Angestellte und Selbstständige bis hin zu Arbeitssuchenden.

[18] In den nachstehenden Klammern sind die Skalen-Extrema aufgeführt.

Schlussendlich wurde noch das Einwanderungsjahr der türkischstämmigen Migranten erfragt. *Tabelle 2* stellt zusammengefasst eine Gesamtübersicht der postulierten Hypothesen dar. Diese werden im Verlauf des Kapitels hinsichtlich ihrer Signifikanz überprüft.

Hypothese	Beschreibung
H_1	Türkischstämmige Migranten weisen höhere Werte der Weiterempfehlungsabsicht auf als Nicht-Migranten.
H_2	Funktional-orientierte Verkäufer führen zu einer höheren Kaufabsicht als relational-orientierte Verkäufer.
H_3	Relational-orientierte Verkäufer führen bei türkischstämmigen Migranten zu einer höheren Kaufabsicht als bei Nicht-Migranten.
H_4	Funktional-orientierte Verkäufer führen zu einer höheren Kaufabsicht bei Nicht-Migranten als bei türkischstämmigen Migranten.
H_5	Personelle Ressourcen führen zu einer höheren Kaufabsicht bei türkischstämmigen Migranten als bei Nicht-Migranten.
H_6	Neutrale Ressourcen bewirken eine höhere Kaufabsicht bei Nicht-Migranten als bei türkischstämmigen Migranten.
H_7	Die Kaufabsicht von türkischstämmigen Migranten, die personelle Ressourcen verwenden, ist insgesamt stärker als die Kaufabsicht von Nicht-Migranten, die neutrale Ressourcen verwenden.
H_8	Die Weiterempfehlungsabsicht von türkischstämmigen Migranten, die personelle Ressourcen verwenden, ist insgesamt stärker als die Weiterempfehlungsabsicht von Nicht-Migranten, die neutrale Ressourcen verwenden.

Tabelle 2: Hypothesenübersicht

4.3 Datenerhebungsprozess und Beschreibung der Eigenschaften der Befragten

Im Folgenden sollen der Ablauf der Datenerhebung und die Eigenschaften der Stichprobe beschrieben werden. Die Datenerhebung fand in einem dreiwöchigen Zeitraum zwischen Juli und August 2014 statt. Die Erhebung der Daten erfolgte online. Ausschlaggebend für die Online-Befragung waren die geringen Kosten und die geringe Zeitdauer für die Gewinnung einer großen Zahl an Probanden. Ferner ist es möglich, eine breitere und diversifiziertere Auswahl an Probanden zu erreichen (Holling & Schmitz, 2010, S. 191). Vor allem machen die steigende Anzahl der Internet-Nutzer die Online-Befragung zu einer sehr attraktiven Variante. Laut einer Onlinestudie von ARD und ZDF (www.ard-zdf-onlinestudie.de) fand eine enorme Steigerung der Nutzung innerhalb von zwanzig Jahren statt. Während im Jahr 1997 lediglich 6,5 Prozent der Bevölkerung Deutschlands das Internet nutzte, so waren es im Jahr 2013 insgesamt 77,2 Prozent. Somit verwenden über dreiviertel der Gesamtbevölkerung in Deutschland regelmäßig das Internet. Ein weiterer damit einhergehender Vorteil der Online-Befragung ist die Möglichkeit der viralen Verbreitung der Umfrage. Der Hyperlink wurde via E-Mail-Versand und in sozialen Netzwerken weitergegeben.

Für die Probanden bestand die Möglichkeit, diesen Link in sehr einfacher Art und Weise weiterzugeben. Durch die Online-Befragung wurde ebenfalls sichergestellt, dass es zu einer völlig unbeaufsichtigten Bearbeitung seitens des Probanden kommen konnte (Holling & Schmitz, 2010, S.192).

Durch das interessante Thema war es problemlos möglich, einen viralen Effekt hervorzurufen. Insbesondere durch die Nutzung von sozialen Netzwerken wurde eine große Anzahl an Menschen angesprochen, die wiederum Personen in ihrem Umfeld über die Befragung informierten. Insgesamt nahmen daher 187 Personen an der Studie teil. Bevor die verschiedenen Eigenschaften der Interviewten zusammen mit anschaulichen Zusatzinformationen dargestellt werden, soll nachstehend das Auswertungsprogramm der Daten präsentiert werden. Hierbei handelt es sich um das Programm „Statistical Package for the Social Sciences“. Mithilfe dieses Programms wurden für die zwei abhängigen Variablen, Kaufabsicht und Weiterempfehlungsabsicht, zwei unterschiedliche *ANOVAs*[19] durchgeführt.

Um dies zu ermöglichen, waren mehrere Schritte notwendig, die nun hinsichtlich ihres Zwecks kurz genannt und im nächsten Unterkapitel bei der Darstellung der Ergebnisse näher erläutert werden. Zunächst wurden die Basisdaten aufbereitet. Dafür wurden Dummy-Variablen für die einzelnen Faktoren kodiert. Anschließend konnten die verschiedenen Datensätze zu einem Datensatz zusammengefasst werden. Zunächst war es von zentraler Bedeutung, die unbrauchbaren Daten zu löschen. Umfragewerte, die von nicht-türkischstämmigen Migranten stammten, wurden nicht berücksichtigt und somit gelöscht, da lediglich die Gegenüberstellung von türkischstämmigen Migranten und Nicht-Migranten in dieser Studie von Bedeutung ist. Somit mussten von den anfangs erreichten 220 Probanden 32 Fälle eliminiert werden. Auf Basis des Filters wurden die Befragten hinsichtlich ihrer Herkunft in zwei Gruppen eingeteilt. Die Zahl „0“ kodierte dabei einen türkischstämmigen Migrationshintergrund, während die Zahl „1“ für Perso-

[19] Abkürzung für “analysis of variance”.

nen stand, die keine Migration erfahren haben. Des Weiteren wurde für die abhängigen Variablen ein Durchschnitt anhand der dazugehörigen Items gebildet. Die Auswertung zeigte, dass insgesamt 83 Personen mit türkischem Migrationshintergrund sowie 104 Personen ohne Migrationshintergrund an der Befragung teilnahmen.

Geschlecht	türkisch-stämmig	deutsch	gesamt
weiblich	57	55	112
männlich	26	49	75
gesamt	83	104	187

Tabelle 3: Aufteilung der Gesamtteilnehmerzahl

Auf Basis dessen wurde im nächsten Schritt eine Reliabilitätsüberprüfung der Items aller Variablen durchgeführt und Item-Skala-Statistiken berechnet. Zudem erfolgte mithilfe des Programms SPSS ein Manipulationscheck. Die in *Kapitel 4.1.* genannten Prämissen der Varianzanalyse wurden ebenfalls überprüft. Anschließend erfolgte die Durchführung zweier ANOVAs. Dabei wurden signifikante Effekte, die dazugehörige Effektstärke und deren Wirkungsrichtung untersucht. Ferner bot das Erstellen deskriptiver Statistiken eine Übersicht an Zusatzinformationen und demographischen Eigenschaften der Testpersonen. Unter den insgesamt 187 Umfrageteilnehmern waren 112 Frauen und 75 Männer.

Das Altersspektrum der Teilnehmer erstreckte sich dabei von 14 bis 54 Jahren. Die größte Altersgruppe der Probanden lag zwischen 20 und 30 Jahren und machte damit fast zwei Drittel der Gesamtzahl aus (64,7%). Die Spitzenwerte wurden hierbei im Alter von 25 Jahren (13,4%), gefolgt von 26 Jahren (11,2%) und 24 Jahren (9,6%), erreicht. Dies geht einher mit der Auswertung hinsichtlich der formalen Bildung: Fast zwei Drittel (65,8%) der Befragten gaben an, entweder Abitur bzw. Hochschulreife oder einen Fachhochschul- bzw. Hochschulabschluss zu besitzen. Spitzenwerte konnten hier im Bereich akademischer Abschlüsse mit 41,2% erzielt werden, gefolgt von Hochschulreife (24,6%) und Fachhochschulreife (9,6%).

Tabelle 4 zeigt den Bildungsstand der Teilnehmer im Überblick. Wird die Beschäftigung der Testpersonen näher betrachtet, so ergibt sich folgendes Bild: Der größte Teil der Antwortenden befindet sich in einem Angestelltenverhältnis (41,7%), gefolgt von Studenten (34,2%). Dies geht einher mit den Angaben zu Alter und Bildungsabschluss. Probanden, die entweder arbeitslos bzw. momentan arbeitsuchend sind sowie Teilnehmer, die keine Angaben zur Beschäftigung machten, stellen nur einen geringen Teil (5,9%) der Gesamtteilnehmerzahl dar.

Formale Bildung	Häufigkeit	Prozent	Kumulierte Prozente
Schule beendet ohne Abschluss	1	0,5	0,5
Volks-, Hauptschul-, Qualifizierter Abschluss	5	2,7	3,2
Mittlere Reife, Realschul- oder gleichwertiger Abschluss	14	7,5	10,7
Abgeschlossene Lehre	16	8,6	19,3
Fachabitur, Fachhochschulreife	18	9,6	28,9
Abitur, Hochschulreife	46	24,6	53,5
Fachhochschul-, Hochschulabschluss	77	41,2	94,7
keine Angabe	7	3,7	98,4
Anderer Abschluss	3	1,6	100,0
Gesamt	187	100,0	

Tabelle 4: Bildungsstand der Umfrageteilnehmer

Tabelle 5 zeigt die Auswertung bzgl. der Art der Beschäftigung im Detail.

Beschäftigung	Häufigkeit	Prozent	Kumulierte Prozente
Schüler/in	9	4,8	4,8
In Ausbildung	12	6,4	11,2
Student/in	64	34,2	45,5
Angestellte/r	78	41,7	87,2
Selbstständig	13	7,0	94,1
Arbeitslos / Arbeit suchend	5	2,7	96,8
Sonstiges	6	3,2	100,0
Gesamt	187	100,0	

Tabelle 5: Beschäftigung der Umfrageteilnehmer

Die letzte Frage war an die Migranten gerichtet und sollte das jeweilige Einwanderungsjahr offenlegen. Es zeigte sich, dass 70% der Eingewanderten vor dem Jahr 1989 in Deutschland ansässig wurden. Dies dürfte unter anderem durch das Anwerbeabkommen zwischen der Türkei und der Bundesrepublik Deutschland aus dem Jahr 1961 begründet sein. Ein weiterer wichtiger Bestandteil der Umfrage lässt sich unter dem Überbegriff Zusatzinformationen zusammenfassen. Den ersten vier Fragen zu diesem Bereich waren Antwortmöglichkeiten, mit einem Wert von 1 bis 7, in Form einer Likert-Skala zugeordnet. Zunächst wurde der Kenntnisstand des jeweiligen Probanden bzgl. der Produktkategorie Fernseher überprüft. Die Antwortmöglichkeiten reichten hierbei von sehr schlecht (1) bis sehr gut (7). Höchstwerte wurden bei den Antwortmöglichkeiten 3 und 4 mit jeweils 22,5% aller Befragten erzielt, gefolgt von dem Wert 5 mit 19,3%. Es wird also lediglich eine leichte Tendenz dahingehend deutlich, dass sich die Probanden eher weniger gut mit Fernsehern auskannten, da sich die restlichen Antwortoptionen annähernd glockenförmig verteilten. Als nächstes interessierte die Persönlichkeit der Umfrageteilnehmer. Zunächst wurde um eine Selbsteinschätzung bzgl. der Impulsivität des eigenen Kaufverhaltens gebeten. Die vorgegebenen Antworten reichten von überhaupt nicht impulsiv (1) bis sehr impulsiv (7). Der Spitzenwert konnte hier bei dem Wert 5 mit 28,3% der Befragten erreicht werden, darauffolgend wurden die Werte 4 (26,2%) und 6 (15,5%) verzeichnet. Insgesamt gaben 73,3% der Umfrageteilnehmer bei der Impulsivität ihres Kaufverhaltens an, im Bereich zwischen den Werten (4) neutral und (7) impulsiv zu liegen. Es ist daher davon auszugehen, dass es sich bei den Probanden, zumindest bzgl. ihres Kaufverhaltens, um impulsivere Persönlichkeiten handelt. Eine ähnliche Ausprägung konnte bei der Frage zur Introvertiertheit bzw. Extrovertiertheit der Probanden festgestellt werden. Die Antwortoptionen lagen zwischen vollkommen introvertiert (1) und vollkommen extrovertiert (7). Am Häufigsten wurde der Wert 5 angegeben (34,8%), gefolgt von 4 (29,4%) und 3 (16%). 81,3% aller Probanden schätzten sich selbst somit als neutral bis vollkommen extrovertiert ein. Die letzte Frage bezog sich darauf, wie stark der jeweilige Proband Wert auf Markenprodukte legt. Der Antwortbereich war von unwichtig (1) bis sehr wichtig (7) vorgegeben. Der Spitzenwert wurde hier bei 5 mit 36,4% erreicht, dahinterliegend die Antwortoptionen 6 (26,2%) und 4 (13,9%). Insgesamt wählten 81,3% der Befragten einen Wert größer oder gleich 4 aus. Die letzte Frage im Abschnitt der Zusatzinformationen richtete sich ausschließlich an Türkischstämmige bzw. Teilnehmer mit türkischstämmigem Migrationshintergrund und sollte aufdecken, ob sich der Proband selbst als

Migrant ansieht. Die Frage konnte daher entweder mit ja oder nein, aber auch mit nicht zutreffend beantwortet werden. Genau zwei Drittel der insgesamt 81 Teilnehmer mit türkischem Migrationshintergrund gaben an, sich immer noch als Migrant in Deutschland zu fühlen.

4.4 Darstellung der erzielten Ergebnisse und Hypothesenüberprüfung

An dieser Stelle werden nun die durch das Auswertungsprogramm SPSS erzielten Ergebnisse vorgestellt und die zuvor aufgestellten Hypothesen überprüft. Zunächst wurde die Reliabilität der einzelnen Items der jeweiligen abhängigen Variable ermittelt. Dies geschah anhand der Messgröße Cronbachs Alpha. Sie misst das Ausmaß der Reliabilität einzelner Skalen und wird bei Werten größer 0,8 akzeptiert (Schnell et al., 2008, S. 153). Im Falle der Kaufabsicht ergab sich bei einer Anzahl von drei Items ein Cronbachs Alpha von 0,894, wie aus *Tabelle 6* ersichtlich ist.

Cronbachs Alpha	Anzahl der Items
,894	3

Tabelle 6: Reliabilitätsstatistiken der Kaufabsicht

Da dieser Wert über den empfohlenen 0,8 liegt, kann von der Reliabilität der Skala ausgegangen werden. Dies bestätigte des Weiteren die Indikatorreliabilität in *Tabelle 7*. In der letzten Spalte der Tabelle ist zu sehen, dass das Cronbachs Alpha der Skala durch das Vernachlässigen eines Items nicht erhöht werden kann. Somit wurden alle Items beibehalten.

	Skalenmittelwerte, wenn Item weggelassen	Skalenvarianz, wenn Item weggelassen	Korrigierte Item-Skala-Korrelation	Cronbachs Apha, wenn Item weggelassen
KA Item 01	9,06	8,297	,796	,844
KA Item 02	9,85	8,182	,778	,860
KA Item 03	9,29	8,034	,800	,841

Tabelle 7: Item-Skala-Statistiken der Kaufabsicht

Darüber hinaus ist die Spalte „Korrigierte Item-Skala-Korrelation" von Bedeutung. Sollten die Werte hier den Mindestwert von 0,3 nicht übertreffen, so können einzelne Items ausgeschlossen werden (Raithel, 2008, S. 116). Dies war bei dieser Skala nicht zutreffend.

Bei der zweiten abhängigen Variablen ergab sich ein noch größeres Cronbachs Alpha. Dieses betrug 0,921, wie in *Tabelle 8* ersichtlich ist. Da auch hier die empfohlene Anforderung von 0,8 überschritten wurde, konnte von interner Konsistenz ausgegangen werden.

Cronbachs Alpha	Anzahl der Items
,921	3

Tabelle 8: Reliabilitätsstatistiken der Weiterempfehlungsabsicht

Die Indikatorreliabilität verdeutlichte, dass ein Weglassen einzelner Items der Weiterempfehlungsabsicht nicht zu einem höheren Cronbachs Alpha führen würde, da die einzelnen Werte in der letzten Spalte der *Tabelle 9* geringer waren als das Alpha der Gesamtreliabilität (Janssen & Laatz, 2010, S. 587 f.).

	Skalenmittelwerte, wenn Item weggelassen	Skalenvarianz, wenn Item weggelassen	Korrigierte Item-Skala-Korrelation	Cronbachs Apha, wenn Item weggelassen
WA Item 01	9,75	8,434	,800	,916
WA Item 02	10,02	8,016	,841	,883
WA Item 03	9,68	7,916	,876	,855

Tabelle 9: Item-Skala-Statistiken der Weiterempfehlungsabsicht

Des Weiteren dienten sogenannte *Kreuztabellen* zur Veranschaulichung der Häufigkeiten der Anzahl der Personen in den zwei Gruppen. *Tabelle 10* zeigt die Ergebnisse. Im nächsten Schritt wurden die Daten auf eine gelungene Manipulation hin überprüft. Dies war Voraussetzung für die Auswertung der Antworten der Probanden, da bei diesem Experiment a priori Einteilungen Verwendung fanden und somit bereits im Vorfeld der Befragung verschiedene Umweltverhältnisse manipuliert wurden (Perdue & Summers, 1986, S. 317 f.). In der vorliegenden Studie kamen zur Manipulation Szenarien zum Einsatz, die die jeweiligen Ausprägungen der Faktoren Informationsquelle und Verkäuferorientierungen in verschiedenen Kombinationen widerspiegelten. Um die gelungene Manipulation zu überprüfen, diente eine spezielle Frage, die aufdecken sollte, ob die Probanden einen Unterschied zwischen den beiden Faktorstufen funktional-orientierter und relational-orientierter Verkäufertyp wahrnahmen. Von Interesse war die Einschätzung der Aussage:

„Der Verkäufer hat sich ausschließlich darauf konzentriert, mich bei dem Kauf des Fernsehers zu beraten. Persönliche Aspekte haben während des Gesprächs keine Rolle gespielt".

		türkischstämmig	**deutsch**			
D_Verkäufer	relational	41	51	=	92	Σ
	funktional	42	53	=	95	Σ
		83	104	=	187	Σ
D_Infoquelle	personell	38	55	=	93	Σ
	neutral / funktional	45	49	=	94	Σ
		83	104	=	187	Σ

Tabelle 10: Häufigkeiten

Lediglich der Faktor Verkäuferorientierung ließ sich anhand eines Manipulationschecks überprüfen. Im Gegensatz dazu konnte der inhärente Faktor Persönlichkeit, der den persönlichen Hintergrund der Testperson erfasste, klar zugeordnet werden und bedurfte somit keiner Manipulation. Der Faktor Informationsquelle wurde ebenfalls *a priori* eingeteilt, erforderte aber aufgrund der Eindeutigkeit der Zuordnung keinen Manipulationscheck. Um nun die Verkäuferorientierung bzgl. einer gelungenen Manipulation hin zu prüfen, wurde die Checkvariable MC Item 01 konstruiert. Diese Variable wurde anhand eines t-Tests untersucht und ergab die in *Tabelle 11* aufgeführten Ergebnisse:

Levene-Test der Varianzgleichheit			T-Test für die Mittelwertgleichheit						
Varianzen	F	Signifikanz	T	df	Sig. (2-seitig)	Mittlere Differenz	Standardfehler der Differenz	95% Konfidenzintervall der Differenz	
								Untere	Obere
gleich	,073	,787	-12,06	185	,000	-2,756	,229	-3,21	-2,31
nicht gleich			-12,07	184,99	,000	-2,756	,228	-3,21	-2,31

Tabelle 11: Test bei unabhängigen Stichproben für den Manipulationscheck

Anhand des Outputs ist ersichtlich, dass die Signifikanz bzgl. des Mittelwertvergleichs gewährleistet ist. Der Wert von 5% wird sogar deutlich unterschritten. Mit einem Wert von 0,000 existiert ein Signifikanzniveau kleiner als 0,05. Demnach kann die Manipulation als gelungen gelten. Bei der Durchführung des Levene-Tests auf Varianzhomogenität ergab sich ein nicht signifikanter Wert. Dieser Umstand kann allerdings dadurch relativiert werden, dass ein ähnlich großer Probandenumfang in den Untergruppen existiert (Bray & Maxwell, 1985, S. 34). Dabei darf das Verhältnis zwischen kleinster und größter Gruppierung nicht größer als 1,5 sein. Im Fall der vorliegenden Studie muss der Wert 48 / 45 berechnet werden. Dies ergab ein Verhältnis von 1,067. Die Verletzung der Varianzhomogenität kann somit durch das Gruppenverhältnis geheilt werden (Glaser, 1978, S. 165).

Des Weiteren wurde der Kolmogorov-Smirnov-Test durchgeführt, um die Normalverteilung für die abhängigen Variablen zu überprüfen. Dabei sollten keine Werte unter dem Signifikanzniveau von 0,05 existieren. In *Tabelle 12* ist zu erkennen, dass sowohl die abhängige Variable Kaufabsicht, als auch Weiterempfehlungsabsicht mit den jeweiligen Werten 0,937 und 0,888 den Wert 0,05 deutlich überschreiten.

		Durchschnitt KA	Durchschnitt WA
N		24	24
Parameter der Normalverteilung (a, b)	Mittelwert	5,5139	5,5556
	Standardabweichung	,97296	1,09750
Extremste Differenzen	Absolut	,191	,181
	Positiv	,118	,094
	Negativ	-,191	-,181
Kolmogorov-Smirnov-Z		,937	,888
Asymptotische Signifikanz (2-seitig)		,343	,409

Tabelle 12: Kolmogorov-Smirnov-Anpassungstest zur Prüfung der Normalverteilung

Als Nächstes sollen die bereit in *Kapitel 4.1* benannten Prämissen der Varianzanalyse zusammenfassend untersucht werden. Ausreißern innerhalb der Stichprobe wurde durch die Nutzung von Likert-Skalen entgegengewirkt. Die einzige offene Frage stellte die Altersabfrage dar. Die

Zufallsauswahl konnte durch die Nutzung des Programms „SoSci Survey“ gewährleistet werden, wodurch Probanden zufällig mit einzelnen Szenarien konfrontiert wurden. Die minimale Gruppengröße von 20 Personen wurde, wie aus der Kreuztabelle ersichtlich, für jede Faktorenkonstellation überschritten. Die Varianzhomogenität wurde anhand des Levene-Tests überprüft. Dieser erwies sich zwar als nicht signifikant, jedoch konnte die Prämissenverletzung durch die angemessene homogene Gruppengröße relativiert werden. Die erforderliche Normalverteilung konnte durch den Kolmogorov-Smirnov-Test sichergestellt werden. D
urch die Annahme der Nullhypothese gilt die Prämisse als erfüllt.

Darüber hinaus ist es von Bedeutung, die Korrelationen zwischen den abhängigen Variablen Kaufabsicht und Weiterempfehlungsabsicht zu überprüfen. Als zusätzliche Prämisse rechtfertigt sie eine sogenannte *MANOVA*.[20] Besitzen die beiden abhängigen Variablen einen Korrelationskoeffizienten, der 0,6 übersteigt, so besteht die Möglichkeit eine *MANOVA* durchzuführen (Eschweiler et al., 2007, S. 10). Wenn die abhängigen Variablen miteinander korrelieren, so kann durch die Durchführung einer *MANOVA* die Wirkung der unabhängigen Variablen auf alle abhängigen Variablen gemeinsam gemessen werden. Der Output, der durch das Auswertungsprogramm SPSS zu Stande kam, ist in *Tabelle 13* dargestellt:

		Durchschnitt KA	Durchschnitt WA
Durchschnitt KA	Korrelation nach Pearson	1	,753(**)
	Signifikanz (2-seitig)		,000
	N	187	187
Durchschnitt WA	Korrelation nach Pearson	,753(**)	1
	Signifikanz (2-seitig)	,000	
	N	187	187

** Die Korrelation ist auf dem Niveau von 0,01 (2-seitg) signifikant.

Tabelle 13: Korrelationen

Es zeigt sich, dass die Korrelation zwischen der Kaufabsicht und der Weiterempfehlungsabsicht 0,753 beträgt und sogar auf dem 1 % Niveau signifikant ist. Das heißt, dass die Durchführung

[20] Abkürzung für “multivariate analysis of variance”.

einer *MANOVA* in diesem Fall prinzipiell möglich wäre. Außerdem wurden die beiden abhängigen Variablen hinsichtlich der Multikollinearität geprüft. Diese tritt auf, wenn der Varianzinflationsfaktor mit der Formel $VIF_i = 1 / 1 - R_i^2$ einen Wert größer 10 annimmt. Dabei stellt R_i^2 den zuvor errechneten Korrelationswert dar. Der Varianzinflationsfaktor beträgt hier 4,05. Daher kann die Aussage getroffen werden, dass keine Multikollinearität besteht. Trotz der sich daraus ergebenden Option, eine multivariate Varianzanalyse zu errechnen, wurden zwei einfache Varianzanalysen vorgezogen. Der Grund dafür ist, dass zwar beide abhängigen Variablen korrelieren und damit die Voraussetzung für die Durchführung einer *MANOVA* erfüllen, die singulären Effekte jedoch von besonderem Interesse im Rahmen dieser Forschungsarbeit sind. Die Variablen stellen zwei verschiedenartige Konstrukte dar, deren Berücksichtigung das Ziel verfolgt, den Prozess der Kaufentscheidung theoretisch darzustellen.

An dieser Stelle soll schlussendlich auf die Ergebnisse der Varianzanalysen eingegangen und dabei signifikante Effekte identifiziert werden. Es wurden zwei ANOVAs durchgeführt, wobei hier beginnend mit der Kaufabsicht zunächst die Mittelwerte eine Analyse durchliefen. Das Ergebnis des zuvor erwähnten Levene-Tests auf Gleichheit der Fehlervarianzen hinsichtlich der abhängigen Variable Kaufabsicht zeigt *Tabelle 14*.

F	df1	df2	Signifikanz
3,325	7	179	,002

Prüft die Nullhypothese, daß die Fehlervarianz der abhängigen Variablen über Gruppen hinweg gleich ist.
a Design: Intercept+D_Pers+D_Infoqu+D_Verkäufer+D_Pers * D_Infoqu+D_Pers * D_Verkäufer+D_Infoqu * D_Verkäufer+D_Pers * D_Infoqu * D_Verkäufer

Tabelle 14: Levene-Test auf Gleichheit der Fehlervarianzen (a); Kaufabsicht

Es ist eine Signifikanz von 0,002 festzustellen. Zur Erfüllung der Prämisse ist allerdings gefordert, dass kein Signifikanzwert kleiner als 0,1 sein darf. Die Forderung kann nicht erfüllt werden und damit muss die Prämisse der Varianzhomogenität zurückgewiesen werden. Durch die Gleichbesetzung aller Zellen kann jedoch die Verletzung dieser Prämisse geheilt werden.
Grundsätzlich gelten die Effekte als signifikant, die einen Signifikanzwert kleiner 0,05 aufweisen. Bei Interaktionseffekten ist es zudem möglich, Irrtumswahrscheinlichkeiten bis zu 25 % zu akzeptieren (Pedhazur & Schmelkin, 1991, S. 731 ff.). Demnach sind die Interaktionsterme

D_Pers * D_Infoqu und bei D_Pers * D_Verkäufer bei einem Signifikanzniveau von 5 % signifikant. Der Interaktionsterm D_Pers * D_Verkäufer weist sogar eine Signifikanz auf einem 1 % Niveau auf, wohingegen der Term D_Infoqu * D_Verkäufer bei einer Irrtumswahrscheinlichkeit von 25 % als signifikant angesehen werden kann. Alle anderen Effekte können nicht als signifikant von Null verschieden betrachtet werden. Somit lässt sich festhalten, dass signifikante Effekte jeweils zwischen Persönlichkeit und verwendeter Informationsquelle, Persönlichkeit und Verkäufertyp sowie Informationsquelle und Verkäufer identifizierbar sind. Die Zwischensubjektseffekte kommen in *Tabelle 15* zum Ausdruck:

Quelle	Quadratsumme vom Typ III	df	Mittel der Quadrate	F	Signifikanz	Partielles Eta-Quadrat
Korrigiertes Modell	52,679(a)	7	7,526	4,372	,000	,146
Konstanter Term	4072,320	1	4072,320	2365,886	,000	,930
D_Pers	,046	1	,046	,027	,871	,000
D_Infoqu	2,377	1	2,377	1,381	,241	,008
D_Verkäufer	4,347	1	4,347	2,525	,114	,014
D_Pers * D_Infoqu	**8,655**	**1**	**8,655**	**5,028**	**,026**	**,027**
D_Pers * D_Verkäufer	**31,805**	**1**	**31,805**	**18,478**	**,000**	**,094**
D_Infoqu * D_Verkäufer	**4,576**	**1**	**4,576**	**2,658**	**,105**	**,015**
D_Pers * D_Infoqu * D_Verkäufer	,364	1	,364	,212	,646	,001
Fehler	308,107	179	1,721			
Gesamt	4492,556	187				
Korrigierte Gesamtvariation	360,786	186				

a R-Quadrat = ,146 (korrigiertes R-Quadrat = ,113)

Tabelle 15: Tests der Zwischensubjekteffekte der abhängigen Variable Kaufabsicht

Im nächsten Schritt dienen nun Mittelwertvergleiche zur dezidierten Analyse (*Tabelle 16*). Es gilt vor allem die Hypothesen hinsichtlich der abhängigen Variablen Kaufabsicht genauer zu betrachten.

In Bezug auf Hypothese 2, die die Vermutung zum Ausdruck bringt, dass funktional-orientierte Verkäufer zu einer höheren Kaufabsicht bei Konsumenten führen als relational-orientierte Verkäufer, zeigen die Mittelwerte zwar mit den jeweiligen Werten von 4,4964 bzw. 4,8982 eine Tendenz in die vermutete Richtung auf, jedoch ist dieser Unterschied, wie in *Tabelle 15* ersichtlich, nicht signifikant. Daher kann diese Hypothese nicht angenommen werden. Im Gegensatz dazu ist Hypothese 3, die postuliert, dass relational-orientierte Verkäufer zu einer höheren Kaufabsicht bei Migranten als bei Nicht-Migranten führen, zu bestätigen. Hier ergeben sich Mittelwerte in Höhe von 4,9187 (Migranten) bzw. 4,1569 (Nicht-Migranten). Die Überprüfung von Hypothese 4 bestätigt ebenfalls den angenommenen Effekt. Funktional-orientierte Verkäufer führen zu einer höheren Kaufabsicht bei Nicht-Migranten (5,2767) als bei türkischstämmigen Migranten (4,4206). Hypothese 5 kann ebenfalls bestätigt werden. Personelle Ressourcen bewirken laut der erhobenen Stichprobe eine höhere Kaufabsicht bei türkischstämmigen Migranten als bei Nicht-Migranten.

Hypothese 6, die zum Ausdruck bringt, dass neutrale Ressourcen zu einer höheren Kaufabsicht bei Nicht-Migranten als bei türkischstämmigen Migranten führen, musste ebenfalls nicht verworfen werden. Während Nicht-Migranten und neutrale Ressourcen einen Mittelwert von 4,816 aufweisen, liegt der Mittelwert bei Migranten und neutralen Ressourcen bei 4,363 und somit deutlich niedriger.

Schlussendlich kann durch die Auswertung auch Hypothese 7 angenommen werden: Die Kaufabsicht von türkischstämmigen Migranten, die personelle Ressourcen verwenden, ist bei einem Wert in Höhe von 5,0263 (in absoluten Größen gemessen) höher, als die Kaufabsicht von Nicht-Migranten, die neutrale Ressourcen verwenden (4,8163). Um nun die Wirkungsrichtung der vorhandenen Interaktionseffekte deutlich zu machen, eignen sich im Folgenden einige Graphiken zur Verdeutlichung der Zusammenhänge. Die x-Achse stellt bei den Abbildungen fortan die Ausprägungen des persönlichen Hintergrunds dar.

Die Ausprägung „0“ spiegelt einen Menschen mit Migrationshintergrund und die Ausprägung „1“ einen aus Deutschland stammenden Einheimischen wider. Auf der y-Achse ist die Kaufabsicht auf Basis einer 7-Punkte-Likert-Skala zu sehen. In *Abbildung 16* werden dazu die Ausprägungen der Informationsquelle in Form von separaten Linien dargestellt, wobei die dunklere Linie eine personelle und die hellere Linie eine neutrale Informationsquelle symbolisiert.

D_Pers	D_Infoqu	D_Verkäufer	Mittelwert	Standardabweichung	N
türkisch-stämmig	personell	relational	5,4912	1,16199	19
		funktional	4,5614	1,63319	19
		gesamt	5,0263	1,47529	38
	neutral	relational	4,4242	1,28146	22
		funktional	4,3043	1,40674	23
		gesamt	4,3630	1,33300	45
	gesamt	relational	4,9187	1,32661	41
		funktional	4,4206	1,49988	42
		gesamt	4,6667	1,43041	83
einheimisch	personell	relational	4,1667	1,71075	26
		funktional	5,0805	1,02219	29
		gesamt	4,6485	1,45214	55
	neutral	relational	4,1467	1,18275	25
		funktional	5,5139	,97296	24
		gesamt	4,8163	1,27668	49
	gesamt	relational	4,1569	1,46113	51
		funktional	5,2767	1,01429	53
		gesamt	4,7276	1,36828	104
gesamt	personell	relational	4,7259	1,62880	45
		funktional	4,8750	1,30760	48
		gesamt	4,8029	1,46558	93
	neutral	relational	4,2766	1,22439	47
		funktional	4,9220	1,33914	47
		gesamt	4,5993	1,31672	94
	gesamt	relational	4,4964	1,44622	92
		funktional	4,8982	1,31645	95
		gesamt	4,7005	1,39273	187

Tabelle 16: Deskriptive Statistiken; Kaufabsicht

Bei Einheimischen existiert ein geringerer Effekt der Informationsquellenart auf die Kaufabsicht, während bei türkischstämmigen Migranten die Kaufabsicht stärker von der Art der Informationsquelle abhängt. Grundsätzlich zeigt sich, dass eine personelle Informationsquelle bei Migranten und eine neutrale Informationsquelle bei Nicht-Migranten, jeweils im Vergleich zur anderen Kulturgruppe, zu einer höheren Kaufabsicht führen. Des Weiteren soll anhand der *Abbildung 17* der hochsignifikante Interaktionseffekt zwischen der Persönlichkeit und dem Verkäufertyp auf die Kaufabsicht visualisiert werden. Hier werden die Verkäuferorientierungen anhand separater Linien dargestellt.

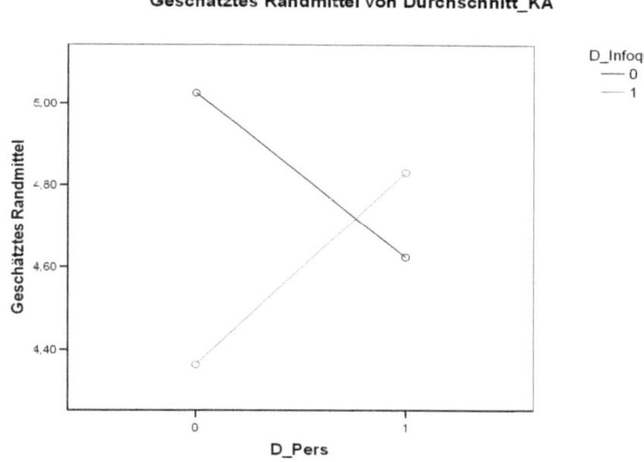

Abbildung 16: Persönliche Herkunft und Informationsquelle

Die dunklere Linie repräsentiert einen relational-orientierten, die hellere Linie einen funktional-orientierten Verkäufertypen. Es zeigt sich, dass bei Nicht-Migranten das Treffen auf einen funktionalen Verkäufertypen zu einer deutlich besseren Kaufabsicht führt. Es scheint, dass bei Migranten ein relational-orientierter Verkäufertyp und bei Nicht-Migranten ein funktional-orientierter Verkäufertyp, im Vergleich zur jeweils anderen Kulturgruppe, zu einer höheren Kaufabsicht führen.

Schließlich werden in *Abbildung 18* auf der x-Achse die Verkäufertypen dargestellt mit der Ausprägung „0“ für einen relational- und „1“ für einen funktional-orientierten Typus. Die separaten Linien zeigen erneut die möglichen Informationsquellen. Hier wird deutlich, dass grundsätzlich relational-orientierte Verkäufer in Kombination mit personellen Quellen zu einer höheren Kaufabsicht führen, wohingegen die Art der Informationsquelle im Fall von funktional-orientiertem Verkaufspersonal eine untergeordnete (nicht signifikante) Rolle spielt.

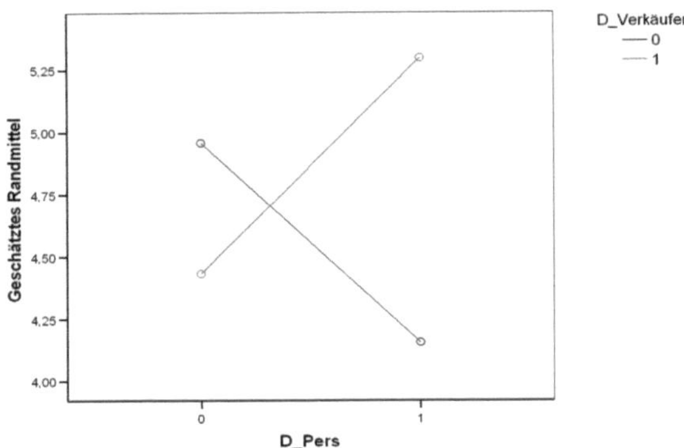

Abbildung 17: Persönliche Herkunft und Verkäufertyp

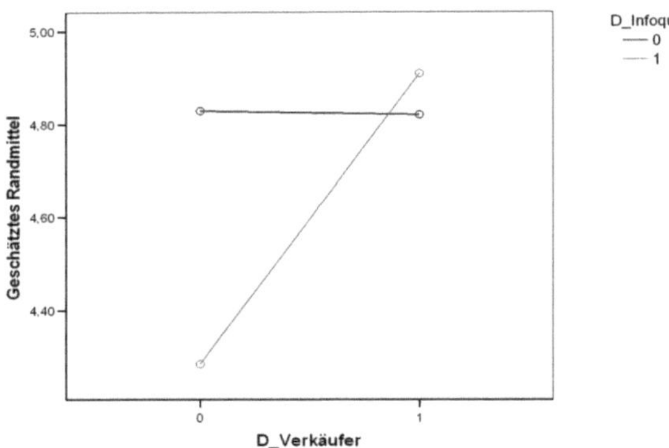

Abbildung 18: Verkäufertyp und Informationsquelle

Darüber hinaus wurden t-Tests zum Mittelwertvergleich durchgeführt, um die Wirkungsrichtungen der signifikanten Effekte zu den postulierten Hypothesen, welche durch die *Abbildungen 16* bis *18* bereits bildlich dargestellt wurden, zu verifizieren. Die betroffenen Faktorstufen können laut der Post-Hoc Tests als signifikant voneinander verschieden (< 0,05) verstanden werden. Abweichungen sind folglich nicht auf Zufälle zurückzuführen.

Zudem zeigt das *partielle Eta-Quadrat* (*Tabelle 17*) wie hoch die Wirkung des Interaktionsterms D_Pers*D_Verkäufer auf die Kaufabsicht ist. Nach *Peterson et al.* (1985, S. 97 ff.) gibt diese Zahl an, wie stark ein Faktor die Gesamtvarianz der abhängigen Variable (hier Kaufabsicht) erklärt. In diesem Fall sind es 9,4 %. Nach den Überlegungen von *Cohen* (1988, S. 280 ff.) weist dies auf einen mittleren bis starken Effekt hin. Im nächsten Schritt sollen nun die Ergebnisse hinsichtlich der abhängigen Variable Weiterempfehlungsabsicht eine Analyse erfahren.

Wie in *Tabelle 17* zu sehen ist, zeigte der Levene-Test auch hier nicht den gewünschten Signifikanzwert größer als 0,1. Hier liegt der Wert bei 0,016 und geht damit mit der Prämissenverletzung Varianzhomogenität einher. Dennoch kann auch hier auf eine Heilung durch die Gleichbesetzung der Zellen zurückgegriffen werden.

F	df1	df2	Signifikanz
2,543	7	179	,016

Prüft die Nullhypothese, daß die Fehlervarianz der abhängigen Variablen über Gruppen hinweg gleich ist.
a Design: Intercept+D_Pers+D_Infoqu+D_Verkäufer+D_Pers * D_Infoqu+D_Pers * D_Verkäufer+D_Infoqu * D_Verkäufer+D_Pers * D_Infoqu * D_Verkäufer

Tabelle 17: Levene-Test auf Gleichheit der Fehlervarianzen (a); Weiterempfehlungsabsicht

In der *Tabelle 18* sind nun die Signifikanzen für die Wirkungen der jeweiligen Einflussfaktoren auf die Weiterempfehlungsabsicht dargestellt. Erneut gilt ein kritisches Signifikanzniveau von 5 %. Die signifikanten Effekte sind wieder fett markiert: Mit dem Wert 0,018 stellt die Wirkung von D_Verkäufer den einzigen signifikanten direkten Effekt dieser Studie dar. Darüber hinaus ist der Effekt des Interaktionsterms D_Pers*D_Verkäufer erneut hochsignifikant. Mit dem Wert 0,143 weist D_Infoqu*D_Verkäufer hingegen eine schwache Signifikanz auf.

In *Tabelle 19* können die zuvor postulierten Hypothesen hinsichtlich der Weiterempfehlungsabsicht näher betrachtet werden: Hypothese 1, welche davon ausging dass türkischstämmige Migranten zu höherer Weiterempfehlungsabsicht neigen als Nicht-Migranten lässt sich nicht bestätigen. Eine nähere Betrachtung der Mittelwerte entfällt somit. Hypothese 8 postulierte, dass die Weiterempfehlungsabsicht von türkischstämmigen Migranten, die personelle Ressourcen verwenden, insgesamt stärker ist (5,1754) als die Weiterempfehlungsabsicht von Nicht-Migranten, die neutrale Ressourcen verwenden (4,7823).

Quelle	Quadratsumme vom Typ III	df	Mittel der Quadrate	F	Signifikanz	Partielles Eta-Quadrat
Korrigiertes Modell	56,835(a)	7	8,119	4,743	,000	,156
Konstanter Term	4437,092	1	4437,092	2592,188	,000	,935
D_Pers	1,004	1	1,004	,586	,445	,003
D_Infoqu	2,421	1	2,421	1,415	,236	,008
D_Verkäufer	**9,823**	**1**	**9,823**	**5,739**	**,018**	**,031**
D_Pers * D_Infoqu	,874	1	,874	,511	,476	,003
D_Pers * D_Verkäufer	**35,265**	**1**	**35,265**	**20,602**	**,000**	**,103**
D_Infoqu * D_Verkäufer	**3,712**	**1**	**3,712**	**2,169**	**,143**	**,012**
D_Pers * D_Infoqu * D_Verkäufer	,540	1	,540	,315	,575	,002
Fehler	306,397	179	1,712			
Gesamt	4869,778	187				
Korrigierte Gesamtvariation	363,232	186				

a R-Quadrat = ,156 (korrigiertes R-Quadrat = ,123)

Tabelle 18: Tests der Zwischensubjekteffekte; Weiterempfehlungsabsicht

Allerdings existiert hier, anders als bei der Kaufabsicht, kein signifikanter Interaktionseffekt zwischen persönlichem Hintergrund und Informationsquelle auf die Weiterempfehlungsabsicht. Auch bei dieser abhängigen Variable sollen an dieser Stelle die Graphiken präsentiert werden: In *Abbildung 19* repräsentiert die x-Achse den persönlichen Hintergrund, die separaten Linien dagegen den Verkäufertypen. Bei Nicht-Migranten führt ein funktional-orientierter Verkäufertyp zu einer deutlich stärkeren Weiterempfehlungsabsicht als ein relational-orientierter Verkäufertyp.

Bei türkischstämmigen Migranten führt ein relational-orientierter Verkäufer und bei Einheimischen ein funktional-orientierter Verkäufer, in Gegenüberstellung zur kulturellen Vergleichsgruppe, offenbar zu höheren Weiterempfehlungsabsichten. In *Abbildung 20* repräsentiert die x-Achse die Ausprägungen der Verkäufertypen und die Informationsquellen kommen durch die separaten Linien zum Ausdruck.

D_Pers	D_Infoqu	D_Verkäufer	Mittelwert	Standardabweichung	N
türkisch-stämmig	0	0	5,5789	,98659	19
		1	4,7719	1,37011	19
		gesamt	5,1754	1,24659	38
	1	0	4,8182	1,52831	22
		1	4,7971	1,35490	23
		gesamt	4,8074	1,42575	45
	gesamt	0	5,1707	1,34603	41
		1	4,7857	1,34511	42
		gesamt	4,9759	1,35128	83
einheimisch	0	0	4,3077	1,57458	26
		1	5,4713	,94917	29
		gesamt	4,9212	1,39953	55
	1	0	4,0400	1,45399	25
		1	5,5556	1,09750	24
		gesamt	4,7823	1,49001	49
	gesamt	0	4,1765	1,50754	51
		1	5,5094	1,00979	53
		gesamt	4,8558	1,43749	104
gesamt	0	0	4,8444	1,48664	45
		1	5,1944	1,17265	48
		gesamt	5,0251	1,33807	93
	1	0	4,4043	1,52426	47
		1	5,1844	1,27558	47
		gesamt	4,7943	1,45182	94
	gesamt	0	4,6196	1,51394	92
		1	5,1895	1,21812	95
		gesamt	4,9091	1,39745	187

Tabelle 19: Deskriptive Statistiken; Weiterempfehlungsabsicht

Hier wird erneut deutlich, dass relational-orientierte Verkäufer in Kombination mit personellen Quellen zu einer höheren Weiterempfehlungsabsicht führen, wohingegen die Art der Informationsquelle im Fall von funktional-orientiertem Verkaufspersonal eine zu vernachlässigende (nicht signifikante) Rolle spielt.

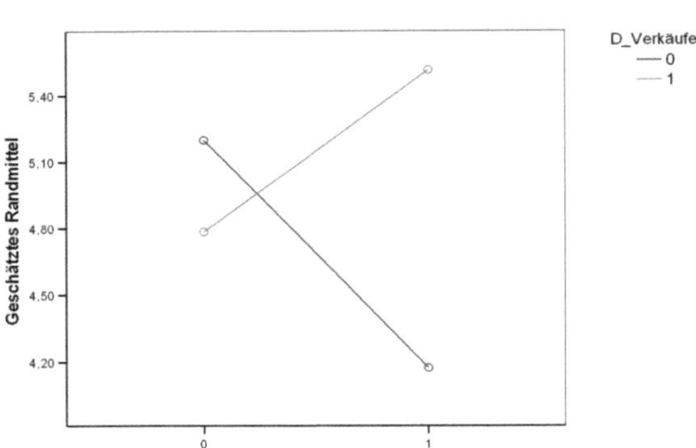

Abbildung 19: Persönliche Herkunft und Verkäufertyp

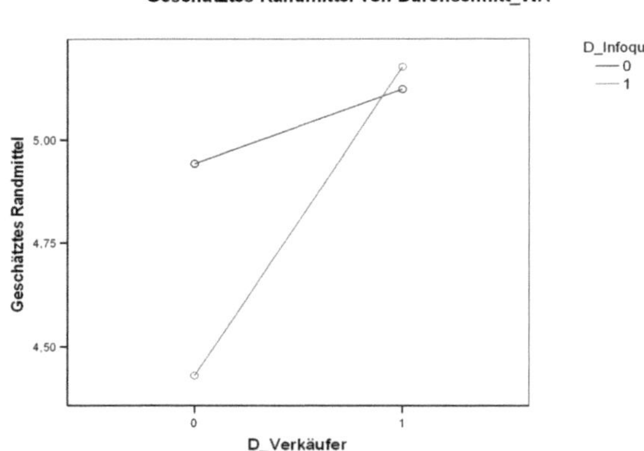

Abbildung 20: Verkäufertyp und Informationsquelle

4.5 Interpretation der Ergebnisse

Nachdem die erhobenen Daten varianzanalytisch ausgewertet, die daraus entstandenen Ergebnisse ausführlich dargelegt und demnach die Hypothesen überprüft worden sind, gilt es nun, diese zu interpretieren. In *Tabelle 20* werden die Ergebnisse der Hypothesenprüfung übersichtlich dargestellt.

Hypothese	Beschreibung	Annahme Ablehnung
H_1	Türkischstämmige Migranten weisen höhere Werte der Weiterempfehlungsabsicht auf als Nicht-Migranten.	abgelehnt
H_2	Funktional-orientierte Verkäufer führen zu einer höheren Kaufabsicht als relational-orientierte Verkäufer.	abgelehnt
H_3	Relational-orientierte Verkäufer führen bei türkischstämmigen Migranten zu einer höheren Kaufabsicht als bei Nicht-Migranten.	angenommen
H_4	Funktional-orientierte Verkäufer führen zu einer höheren Kaufabsicht bei Nicht-Migranten als bei türkischstämmigen Migranten.	angenommen
H_5	Personelle Ressourcen führen zu einer höheren Kaufabsicht bei türkischstämmigen Migranten als bei Nicht-Migranten.	angenommen
H_6	Neutrale Ressourcen bewirken eine höhere Kaufabsicht bei Nicht-Migranten als bei türkischstämmigen Migranten.	angenommen
H_7	Die Kaufabsicht von türkischstämmigen Migranten, die personelle Ressourcen verwenden, ist insgesamt stärker als die Kaufabsicht von Nicht-Migranten, die neutrale Ressourcen verwenden.	angenommen
H_8	Die Weiterempfehlungsabsicht von türkischstämmigen Migranten, die personelle Ressourcen verwenden, ist insgesamt stärker als die Weiterempfehlungsabsicht von Nicht-Migranten, die neutrale Ressourcen verwenden.	abgelehnt

Tabelle 20: Hypothesenübersicht

H_1: Türkischstämmige Migranten weisen höhere Werte der Weiterempfehlungsabsicht auf als Nicht-Migranten.

Die Hypothese H_1 wurde abgelehnt. Es zeigte sich kein direkter Effekt des persönlichen Hintergrunds auf die Weiterempfehlungsabsicht. Die Überlegung, dass die kollektivistisch veranlagte türkische bzw. türkischstämmige Bevölkerung ein Produkt oder eine Dienstleistung im Allgemeinen häufiger weiterempfiehlt, konnte nicht bestätigt werden. Der Grund könnte unter anderem in der Darstellung des Online-Szenarios liegen. Der Prozess einer positiven Weiterempfehlung, wie sie durch die verwendete Fragebatterie dargestellt wurde, setzt grundsätzlich die erlebte Zufriedenheit mit der betroffenen Leistung voraus. Es ist zu vermuten, dass die Abstraktion dieses Vorgangs, der eng mit der Darstellung der eigenen Persönlichkeit verbunden ist, den Probanden zu viel abverlangt. Die wahrgenommene Kaufabsicht ist dagegen viel leichter vorstellbar, da sie auch in der Realität Erfahrungen mit der Leistung nicht voraussetzt. Um die Weiterempfehlungsabsicht einzuschätzen, ist der Proband gezwungen, langfristiger sowie außerhalb des Rahmens der fiktiven Kaufsituation zu denken. Die Auswirkungen einer Kaufentscheidung betreffen vordergründig finanzielle und zeitliche Ressourcen. Im Gegensatz dazu ist der Einfluss einer Weiterempfehlung weitreichender. Diese hat Konsequenzen für weitere Personen im Umfeld des Probanden. Es ist möglich, dass der Proband eine Empfehlung ausspricht, die von dem Empfehlungssuchenden als nicht hilfreich empfunden wird. Dies birgt Risiken, die im Umkehrschluss der Weiterempfehlende zu tragen hat.

Statt der vermuteten direkten Effekte sind es vielmehr Interaktionseffekte, die im Zusammenspiel mit der Persönlichkeit Signifikanz aufzeigen. Demzufolge hat der alleinige Faktor Persönlichkeit bzw. der persönliche Hintergrund der Befragten keinen Einfluss, wenn nicht weitere Faktoren, wie bspw. die Informationsquelle oder der Verkäufertypus, dazu beitragen.

H_2: Funktional-orientierte Verkäufer führen zu einer höheren Kaufabsicht als relational-orientierte Verkäufer.

Auch Hypothese H_2 musste abgelehnt werden. Es wurde ein direkter Effekt von der Verkäuferorientierung auf die Kaufabsicht vermutet und die beiden Ausprägungen, funktionale und relationale Orientierung hinsichtlich der Auswirkung auf die Kaufabsicht miteinander verglichen. Es konnten lediglich interaktive Effekte, die auf die Kaufabsicht wirken, nachgewiesen werden; direkte Effekte wurden nicht beobachtet. Die Hypothesenherleitung basiert auf der Annahme, dass sich ein funktional-orientierter Verkäufer durch sachliches und breites Wissen ausweisen kann und somit dem interessierten Käufer, unabhängig von kulturellen Faktoren, eine fundierte Beratung anbieten kann. Dahingegen offeriert der relational-orientierte Verkäufer eine persönliche Bindung, die allerdings nicht von jedem Kunden erwartet bzw. akzeptiert wird. Es wurde vermutet, dass der funktionale Verkäufertypus die normativen Rollenerwartungen erfüllen würde.

Der relationale Verkäufertypus wäre dagegen anfälliger für die misstrauischen Überlegungen individualistischer Kunden. Die Kaufabsicht eines Probanden hängt demnach nicht nur von der

Eigenart des Verkäufers ab, sondern von weiteren Komponenten. Der vermutete direkte Effekt von dem Verkäufertypus auf die abhängige Variable existiert allerdings für die abhängige Variable Weiterempfehlungsabsicht. Es ist also möglich, dass ein Verkäufer, unabhängig davon, ob er dem Konsumenten ein geeignetes Produkt anbieten und ihn somit bei einer Kaufentscheidung unterstützen konnte, Einfluss auf die Weiterempfehlungsabsicht des Probanden hat. Das Verkäuferverhalten kann sich somit direkt in einer positiven oder negativen Weiterempfehlung widerspiegeln. Nachfolgend soll auf die Interaktionseffekte des Faktors Verkäufertyp eingegangen werden.

H_3: Relational-orientierte Verkäufer führen zu einer höheren Kaufabsicht bei türkischstämmigen Migranten als bei Nicht-Migranten.

Die Hypothese H_3 konnte angenommen werden. Der Interaktionseffekt zwischen dem Verkäufertypus und des persönlichen Hintergrunds ist hochsignifikant. Demnach bewirken relational-orientierte Verkäufer eine höhere Kaufabsicht bei Migranten als bei Nicht-Migranten. Die der Hypothesenherleitung zugrundeliegenden Theorien und Studien erfahren somit erneut eine empirische Bestätigung. Da türkischstämmige Menschen eher kollektivistischer Natur sind, liegt es nahe, dass sie verstärkt das Bedürfnis haben, nach der Rolle eines Freundes in der Person des Verkäufers zu suchen. Sie erwarten von ihm Rat und Beratung sowie persönliche Empfehlungen.

Der Verkäufer hingegen sollte bereit sein, in eine solche Rolle des Vertrauten einzutreten und somit das Bedürfnis des Konsumenten nach persönlichen Empfehlungen zu befriedigen. Dadurch kann eine harmonische Verbindung mit den Kunden geschaffen werden, welche gesteigerten Wert auf Vertrauensverhältnisse und persönliche Kommunikation legen.

H_4: Funktional-orientierte Verkäufer führen zu einer höheren Kaufabsicht bei Nicht-Migranten als bei türkischstämmigen Migranten.

Die Hypothese H_4 wurde angenommen. Funktional-orientierte Verkäufer rufen bei Nicht-Migranten eine höhere Kaufabsicht hervor als bei Probanden mit Migrationshintergrund. Demnach treffen in Deutschland lebende Einheimische eine Kaufentscheidung eher, wenn sie von einem Verkäufer funktionaler Art beraten werden. Sie präferieren augenscheinlich einen Verkäufer, der sachlich auftritt und seinen Kunden einen soliden Produktüberblick anbietet.

Dabei ziehen sie eine möglichst distanzierte Herangehensweise einem persönlichen Beziehungsaufbau vor. Bei der Kommunikation mit einem einheimischen Konsumenten wird einem negativen Interaktionseffekt demnach dadurch entgangen, dass die Art der Geschäftsbeziehung möglichst professioneller, leicht distanzierter Natur ist. Damit erfüllt der funktional-orientierte Verkäufer die von ihm erwarteten normativen Rollenerwartungen. Wenn jedoch die Erwartungen, welche auf einen solchen funktionalen Verkäufertypen zu treffen, nicht erfüllt werden, so ist es möglich, dass dies zu negativen Konsequenzen führt. Diese können von dem einfachen Nicht-Kauf bis hin zur der Weitergabe der negativen Eindrücke und einem, im schlimmsten Fall, dadurch entstehenden Imageschaden führen.

H_5:	Personelle Ressourcen führen zu einer höheren Kaufabsicht bei türkischstämmigen Migranten als bei Nicht-Migranten.

Die Hypothese H_5 wurde akzeptiert. Dass personelle Ressourcen im Vergleich zu neutralen Ressourcen eine höhere Wirkung bei türkischstämmigen Migranten aufweisen, liegt vor allem daran, dass sie eine stärkere gemeinschaftlich veranlagte Kultur besitzen. Ihnen ist es einerseits wichtig, sich um ihre Mitmenschen zu sorgen und andererseits erwarten sie dieselbe Fürsorge seitens ihrer Mitmenschen. Die von *Hofstede* entwickelte Kollektivismus-Dimension bringt auch zum Ausdruck, dass bei der türkischen Kultur die Gemeinschaft im Fokus steht. Das offene Austauschen verschiedenster Umstände wird in einer solchen Kultur viel öfter stattfinden als in der (individualistischeren) deutschen Kultur. Damit zusammenhängend ist es für kollektive Kulturkreise von großer Bedeutung, Kauferlebnisse und -erfahrungen mit dem Bekanntenkreis zu teilen.

Da gegenseitiges Vertrauen im Vordergrund der kollektivistischen Gesellschaft steht, wird auf die persönliche Weiterempfehlung viel Wert gelegt und aufbauend auf Empfehlungen Kaufentscheidungen getroffen. Andererseits ist davon auszugehen, dass ein Konsument, der verstärktes Interesse an einem Produkt hat, auch proaktiv aufgrund von Vorausplanung und zielgerichtetem Handeln nach Informationen suchen wird.

H_6:	Neutrale Ressourcen bewirken eine höhere Kaufabsicht bei Nicht-Migranten als bei türkischstämmigen Migranten.

Die Hypothese H_6 konnte ebenfalls in absoluten Werten bestätigt werden. Das Verwenden neutraler Ressourcen führt offenbar zu einer höheren Absicht bei Nicht-Migranten, einen Fernseher zu kaufen, als bei Migranten. Es scheint, als würden Einheimische stärker in möglichst objektive und nicht wertbeladene Quellen vertrauen. Da sie individualistischer veranlagt sind als Migranten, neigen sie dazu, weniger Rat bei anderen Mitmenschen einzuholen, sondern vielmehr durch neutrale Recherchen und aufbauend auf eigne Kompetenzen einen Überblick über das gewünschte Produkt zu erhalten. Einheimische handeln unabhängiger in Bezug auf den gemeinschaftlichen Gedanken und rechnen sich selbst den Erfolg bei einer positiven Kaufentscheidung zu. Sie scheinen wenig Fürsorge anderer Gemeinschaftsmitglieder zu erwarten und anzubieten.

H_7:	Die Kaufabsicht von türkischstämmigen Migranten, die personelle Ressourcen verwenden, ist insgesamt stärker als die Kaufabsicht von Nicht-Migranten, die neutrale Ressourcen verwenden.

Die Hypothese H_7 wurde angenommen. Dass die Interaktion zwischen türkischstämmigen Migranten und personellen Ressourcen (wie beispielsweise eine persönliche Empfehlung von Seiten guter Freunde) zu einer besonders hohen Kaufabsicht führt, wurde bereits gezeigt. Ebenso wurde offengelegt, dass die Informationsform neutraler Ressourcen von Einheimischen (im Vergleich zu Migranten) präferiert wird.

Ausgehend von *Hofstedes* Dimension der Unsicherheitsvermeidung wurde zusätzlich davon ausgegangen, dass die Verwendung von Ressourcen bei türkischstämmigen Menschen eine stärkere Wirkung zeigt, da sie kulturell bedingt weniger Unsicherheit tolerieren als Einheimische.

Demnach muss sich eine Linderung dieser Unsicherheitsaversion durch eine Informationsaufnahme stärker auswirken. Daher führen Empfehlungen aus dem Freundeskreis bei einem Migranten zu einer größeren Kaufabsicht, als bei Einheimischen, die bspw. Informationen aus Fachzeitschriften heranziehen. Hier zeigt sich die Relevanz von Informationssuche und -nutzung vor allem bei den Migranten.

H_8: Die Weiterempfehlungsabsicht von türkischstämmigen Migranten, die personelle Ressourcen verwenden ist, insgesamt stärker als die Weiterempfehlungsabsicht von Nicht-Migranten, die neutrale Ressourcen verwenden.

Die Hypothese H_8 musste abgelehnt werden. Anders als bei der Kaufabsicht existiert kein Interaktionseffekt zwischen der Herkunft eines Menschen und der Ressourcenart auf die Weiterempfehlungsabsicht. Somit kann im zweiten Schritt auch nicht angenommen werden, dass eine Interaktion einen stärkeren Effekt aufweist als die andere. Das Ergebnis kann erneut damit begründet werden, dass die Probanden kurzfristig orientiert denken und demnach die Kaufabsicht als eines in der nahen Zukunft auszuführendes Konstrukt sehen; wohingegen die Weiterempfehlungsabsicht einen längerfristigen Horizont aufweist und daher in der Zukunft abgeschätzt werden muss. Ebenso spielt der Aspekt der Einbeziehung einer weiteren Person hier erneut eine Rolle. Während die Kaufabsicht nur die eigene Person mit finanziellem und zeitbezogenem Risiko betrifft, ist dies bei der Weiterempfehlungsabsicht nicht der Fall. Dabei beeinflusst die Person ihr Umfeld mit Meinungen und Äußerungen. Demnach birgt diese Form der abhängigen Variablen womöglich ein größeres Risiko für die Probanden, was zu einer vorsichtigeren Beantwortung der Fragen führte.

4.6 Limitationen

Die Untersuchung fand in einem universitären Rahmen statt und war demnach zeitlich begrenzt. Aufgrund der leichteren Erreichbarkeit erwiesen sich Studierende als zweitstärkste Probanden-Gruppe mit 34,2 Prozent der Befragten. Angestellte waren mit 41,7 Prozent die größte Gruppe. Es ist hierbei nicht auszuschließen, dass viele der Angestellten gleichzeitig studieren. Damit geht zudem einher, dass sich die meisten Befragten in einem Alter zwischen 20 und 30 befanden. Hier wäre es denkbar, weiter gestreute Altersgruppen zu befragen.

Zu erwähnen sind die verworfenen Hypothesen. Zwei der drei verworfenen Hypothesen betreffen die Weiterempfehlungsabsicht als abhängige Variable. Zwar zeigen sich Effekte zwischen den Faktoren, die auf die Weiterempfehlungsabsicht wirken, allerdings konnte kein durch die Hypothesen vermuteter Effekt bestätigt werden. Dies könnte mitunter entweder an der Operationalisierung liegen oder an dem gewählten Szenario. Es ist möglich, dieses in Folgestudien weiterzuentwickeln, wie zum Beispiel durch die Verwendung eines reale Produkts als Untersuchungsgegenstand. Durch das bloße Hineinversetzen des Befragten in die jeweilige Situation wird keine Umgebung erzeugt, in der der Proband gewisse Produkteigenschaften präferieren kann. Des Weiteren war die Anzahl der Faktoren in der Untersuchung begrenzt auf drei Faktoren. Denkbar wäre eine Erweiterung des Modells bzw. eine Folgestudie mit weiteren unabhängigen Variablen. Diese Punkte werden in den folgenden Implikationen für die Marketingforschung weiter ausgebaut.

Angesichts der Prämissen der Varianzanalyse ist zu sagen, dass bei der Varianzhomogenität der Levene-Test auf Gleichheit der Fehlervarianzen nicht erfolgreich abgeschlossen wurde. Allerdings konnte diese Verletzung mittels Gleichbesetzung aller Zellen geheilt werden. Erwähnenswert ist darüber hinaus, dass im Zuge der Prozessdarstellung zwei ANOVAs durchgeführt wurden. Zu erwägen wäre in Folgestudien die Realisierung einer MANOVA. Die Studie umfasste 187 Probanden die innerhalb eines Zeitraums von drei Wochen akquiriert wurden. Es sollte darüber hinaus als Ziel gesetzt werden, eine größere Stichprobe zu erlangen, um auch kleinere Effekte beobachten zu können.

4.7 Implikationen für die Marketingforschung

Der Fokus dieser Untersuchung lag auf der persönlichen Herkunft des Menschen, der Interaktion mit dem Verkäufertyp, sowie der Informationsquelle und resultierenden Auswirkungen bestimmter Konstellationen auf die Kauf- und Weiterempfehlungsabsicht. Das Design dieser Studie ist durch vielerlei Elemente ausbaufähig. Der in *Kapitel 3.1* vorgestellte Kaufentscheidungsprozess könnte durch das Einbeziehen weiterer Variablen modifiziert und damit detaillierter beleuchtet werden.

Aufgrund der Tatsache, dass sich diese Arbeit auf den Kommunikationszweig des Marketing-Mixes fokussiert, wären situationsbedingte Elemente in Bezug auf die Kommunikation wie Mimik und Gestik von besonderem Interesse. In nachfolgenden Studien könnte außerdem der Fragestellung nachgegangen werden, ob beispielsweise zweisprachige Angebote die Kaufabsicht von Konsumenten erhöhen würde. Darüber hinaus könnten andere Elemente des Marketing-Mixes, wie zum Beispiel die Produktpolitik untersucht werden.

Die Entwicklung bedürfnisgerechter Produkteigenschaften je nach Herkunft der Konsumenten ist zwar höchstinteressant, dürfte allerdings auch kostenintensiv sein. Hierzu könnte eine weitere Analysemethode verwendet werden, welche nachfolgend präzisiert wird. Der Frage nach distributionspolitischen Maßnahmen wäre ebenso anhand einer Erweiterung des Modells zugehen. Der Einbezug eines Faktors, dessen Ausprägungen verschiedene Vertriebsmöglichkeiten darstellen, könnte eine sinnvolle Ergänzung darstellen. Grundsätzlich könnten aber auch Faktoren wie Geschäftsatmosphäre oder Raumausstattung im Hinblick auf den Einzelhandel hinzugefügt werden. Außerdem wäre es möglich, in Folgestudien *Halls* Theorie der „low and high-context cultures" bzgl. der Kommunikation von Kulturen in Form eines weiteren Faktors einzubauen. Somit könnte ein weiterer Zusammenhang zwischen Herkunft und Kommunikationsstil von Menschen geschaffen werden (Hofstede, 2006, S. 119).

Ebenso wäre es möglich, eine genauere Spezifizierung der Herkunft festzuhalten. Aufgrund der verschiedenen Einwanderungsjahre existieren unterschiedliche Generationenzugehörigkeiten der türkischstämmigen Migranten. Folgestudien könnten die Generationen klassifizieren oder lediglich eine Generation als Zielgruppe festlegen. Somit wäre es machbar, die Charakteristika, die innerhalb einer Generation bestehen, fokussierter zu analysieren. Denkbar wäre hier eine

Varianzanalyse zum Vergleich unterschiedlicher Generationen türkischstämmiger Migranten. Darüber hinaus könnten weitere Migrantengruppen in die Studie aufgenommen werden, um Unterschiede zwischen diesen auf Basis von *Hofstedes* Dimensionen herauszuarbeiten.

Bezüglich der Skalen ist zu sagen, dass sie sich im Fall beider abhängiger Variablen als reliabel erwiesen haben. Die Skala der Weiterempfehlungsabsicht zeigte mit einem Wert von 0,921 eine stärkere Reliabilität auf als die Skala der Kaufabsicht mit 0,894. Somit könnten in Folgestudien die hier verwendeten dazugehörigen Items genutzt werden. Auch wäre es denkbar, die abgefragten Zusatzinformationen wie die Stärke der Impulsivität und die Marken-Relevanz seitens der Probanden als Faktoren in das Modell einzubauen.

4.8 Implikationen für die Marketingpraxis

Nachfolgend soll nun auf Basis der gewonnenen Erkenntnisse die Relevanz für die Marketingpraxis dargelegt werden. Da diese Untersuchung kommunikationspolitische Maßnahmen zum Ziel hatte, soll zunächst auf diese eingegangen werden. Durch die Wahl eines Fernsehgerätes als Untersuchungsobjekt kann auf die Bedeutung der Ergebnisse für den Einzelhandel (und im Speziellen für Elektronikfachmärkte) eingegangen werden. In dieser Studie wurde deutlich, dass je nach persönlicher Herkunft des Kunden, individuelle Präferenzen hinsichtlich der Informationsquellen variieren können.

Es ist deutlich geworden, dass sich die Präferenzen zwischen türkischstämmigen Migranten und Einheimischen hinsichtlich der Informationsquelle und des Verkäufertyps tatsächlich unterscheiden. Während personelle Informationsquellen, sowie relational-orientierte Verkäufertypen mit türkischstämmigen Migranten harmonieren, so sind es bei Einheimischen neutrale Informationsquellen und funktional-orientierte Verkäufertypen. Die Aufgabe des Unternehmens ist es, beide Präferenzen zu berücksichtigen und die große Zahl der türkischstämmigen Bevölkerung Deutschlands dabei durch gezieltes Ethno-Marketing anzusprechen.

Neben den gewöhnlichen Werbemaßnahmen im Printbereich, wie Broschüren, sollte eine direkte Beeinflussung der personellen Empfehlung anvisiert werden. Da türkischstämmige, in Deutschland lebende Menschen offensichtlich der Empfehlung ihrer Bekannten, Freunde und Nachbarn bei der Wahl eines Fernsehers vertrauen, sollte hier angesetzt werden.

Hierfür kann das virale Marketing zum Einsatz kommen. Zwei mögliche Wege kommen bei einer viralen Werbekampagne in Frage: Entweder sprechen Unternehmen aus der Elektronikindustrie ausgewählte sogenannte Meinungsführer an, die als besonders kontaktfreudig angesehen werden, oder sie führen eine virale Marketingkampagne für die breite Bevölkerung durch. Bei der Wahl der Meinungsführer ist zu beachten, Personen aus dem angesprochenen Kulturkreis zu identifizieren. Sind diese ausfindig gemacht und als Botschafter für das Unternehmen gewonnen, kann ein viraler Werbeeffekt von ihnen ausgehen. Somit ist es dem Meinungsführer in der Gemeinschaft türkischstämmiger Migranten möglich, die Werbebotschaft bzw. die Empfehlung weitreichend zu verbreiten.

Die Identifikation geeigneter Personen kann beispielsweise durch empirische Untersuchungen, aber auch durch soziale Netzwerke im Internet geschehen. Dies beantwortet die Frage, *wie* türkischstämmige Migranten erreicht werden können. Die Frage nach dem Inhalt der Werbebotschaft soll auch geklärt werden. Unternehmen haben die Möglichkeit, ihre Werbebotschaft an die Bedürfnisse der ethnischen Minderheit der Türken anzupassen, oder dieselbe Botschaft in mindestens zwei unterschiedliche Sprachen zu übermitteln. Wird die Werbung modifiziert, so ist es möglich, bestimmte Komponenten der Werbung anzupassen. Beispielsweise entwickelte E-Plus eine eigens für Deutsch-Türken angepasste Werbekampagne mit der dazugehörigen Marke „Ay Yildiz". Es wurde außer einer eigens kreierten Kommunikations- und Produktstrategie, zusätzlich die Distributionsstrategie abgestimmt. Der Werbefilm zu der Marke wurde in Fernseherkanälen der in Deutschland lebenden Türken ausgestrahlt (www.ayyildiz.de; eplus-gruppe.de.). Eine Alternative bestünde darin, die vollständige Werbekampagne in türkischer Sprache in verschiedenen zielgerichteten Kanälen zu übermitteln.

Des Weiteren zeigte sich der Effekt, dass relational-orientierte Verkäufer bei türkisch-stämmigen Kunden zu einer wesentlich höheren Kaufabsicht führten als bei einheimischen Konsumenten. Dies bedeutet für Unternehmen zunächst, dass sie sich bewusst werden müssen, dass Konsumenten grundsätzlich unterschiedliche Präferenzen hinsichtlich der Verkäuferorientierung haben. Wie bereits von Seiten der Volkswagen AG und der Deutsche Bank AG geschehen, kann durch den Einsatz spezieller Verkaufsberater auf diese Präferenzen eingegangen werden.

Denkbar wäre es hier, zweisprachige Verkaufsberater aus der dritten Generation der türkischstämmigen Migranten einzustellen, die sprachliche und kulturelle Erfahrung beider Länder vereinen.

Unternehmen sollten somit grundsätzlich die Bereitschaft zeigen, die verschiedenen Präferenzen zu bedienen. Wie bereits in den Implikationen für die Marketingforschung angeregt, ist es möglich, Folgestudien zu anderen Migrantengruppen Aufschluss über ähnliche Präferenzen geben. Sind Ähnlichkeiten bei Migrantengruppen gegeben, können Synergien hinsichtlich der speziellen Marketingmaßnahmen geschaffen werden. Folgende strategische Maßnahmen sind denkbar:

Unternehmen könnten ihr Verkaufspersonal hinsichtlich verschiedener Verkaufsstrategien schulen. Im Detail würde dies bedeuten, dass spezielle Workshops für Vertriebsmitarbeiter absolviert werden müssen. In diesen sollte das Verkaufspersonal lernen, die speziellen Bedürfnisse hinsichtlich einer relationalen oder funktionalen Verkäuferorientierung zu Beginn des Verkaufsgesprächs zu erkennen. Dies könnte beispielsweise durch die Entwicklung spezieller Fragen seitens des Verkäufers ergründet werden.

Hierzu wäre es denkbar bestimmte Beratungsfirmen in der entsprechenden Branche zu Rate zu ziehen. Ist die Neigung bzw. das Bedürfnis des Kunden erkannt, so kann das Verkaufspersonal gemäß der in *Kapitel 2.2.3* vorgestellten Rollentheorie die entsprechende Rolle des funktionalen oder die des relationalen Verkäufers einnehmen. Zweifellos sind all diese Möglichkeiten mit hohen Kosten verbunden, weswegen jedes einzelne Unternehmen das Kosten-Nutzen-Verhältnis für sich abwägen muss. Die Finanzkraft und wachsende Bedeutung der vorgestellten Kulturgruppe und anderen kollektivistischen, in Deutschland lebenden Gemeinden lässt allerdings frühzeitige Investitionen in diesem Bereich lohnend erscheinen.

5 Schlussbetrachtung

Die Kaufentscheidung eines Menschen hängt von vielerlei Faktoren ab. In dieser Arbeit wurden drei mögliche Einflussfaktoren hinsichtlich ihrer Wirkung auf die Kauf- und Weiterempfehlungsabsicht untersucht: Die Faktoren Herkunft, Informationsquelle und Verkäuferorientierung. Auf Basis von *Hofstedes* Kulturdimensionen, der „Risk Theory" und „Role Theory" wurde ein Modell erstellt, welches den Kaufentscheidungsprozess des Menschen realitätsnah konzeptualisiert. Hinsichtlich dieses Modells wurden acht Hypothesen erstellt und anschließend varianzanalytisch überprüft. Im Fokus stand hierbei vor allem der kulturelle Einfluss durch die Herkunft bzw. Abstammung eines Individuums auf seine Kauf- und Weiterempfehlungsabsicht. Es zeigten sich signifikante Unterschiede zwischen türkischstämmigen Migranten und Nicht-Migranten im Hinblick auf die verwendete Informationsquelle sowie Verkäuferorientierung. Besonders stark war die interdependente Wirkung der Verkäufertypen in Kombination mit der jeweiligen Herkunft. Demnach hängt der Einfluss des Verkäufertypen auf die Kauf- und Weiterempfehlungsabsicht stark von der Kultur der jeweiligen Konsumentengruppe ab. Während Migranten kulturbedingt relational-orientierte Verkäufertypen präferieren, so bevorzugen Nicht-Migranten funktional-orientierte Typen.

Die in *Kapitel 1* vorgestellten Verkaufskonzepte der Volkswagen und Deutsche Bank AG, welche die türkischstämmige Bevölkerung durch den Einsatz spezieller Verkaufsberater ansprechen wollen, werden anhand dieser Studie bestätigt. Demnach sollte gezielt daran gearbeitet werden, die Bedürfnisse türkischstämmiger Bevölkerungsgruppen durch die Beschäftigung von speziell geschultem Verkaufspersonal zu befriedigen. Dies kann durch zweisprachige Verkaufsberater geschehen, aber auch durch besondere Schulungen des Vertriebspersonals. Es ist möglich, die Arbeit durch Folgestudien weiterzuentwickeln. Dabei könnte eine Unterscheidung der verschiedenen Generationen der in Deutschland lebenden türkischen Bevölkerung von großem Interesse sein. Auch wäre es möglich, weitere Komponenten des Kaufentscheidungsprozesses in das vorgestellte Untersuchungsmodell zu integrieren. Von besonderer Bedeutung wäre der Vergleich zu anderen Kulturen und Nationalitäten. Können Parallelen gefunden werden, wie es Kulturstudien postulieren, so sind Synergien hinsichtlich der Marketingmaßnahmen möglich. Die Berücksichtigung der Bedürfnisse spezieller Konsumentengruppen ist durch die zunehmende Globalisierung und die Entwicklung multikultureller Gesellschaften nicht vermeidbar und wird in Zukunft noch stärkere Gewichtung erhalten.

Literaturverzeichnis

Albaum, Gerald S., Strandskov, Jesper, & Duerr, Edwin (2001). *Internationales Marketing und Exportmanagement.* München: Pearson Studium.

ARD/ZDF-Onlinestudie (2014). Entwicklung der Onlinenutzung in Deutschland 1997 bis 2013. http://www.ard-zdf-onlinestudie.de/index.php?id=419, Letzter Abruf: 20. Oktober 2014.

Australian Bureau of Statistics (2005). Australian Standard Classification of Cultural and Ethnic Groups (ASCCEG), 2. Canberra.

AY YILDIZ Communications GmbH (2014). AY YILDIZ – Wie haben die günstigen Türkei Tarife erfunden. http://www.ayyildiz.de/Ueber-Ay-Yildiz, Letzter Abruf: 20. Oktober 2014.

Backhaus, Klaus, Erichson, Bernd, Plinke, Wulff, & Weiber, Rolf (2008). *Multivariate Analysemethoden: Eine Anwendungsorientierte Einführung.* Berlin: Springer-Verlag.

Bankamız (2014). Die Bank, von der Sie mehr erwarten können. http://www.bankamiz.de/de/de_leistungsversprechen.html, Letzter Abruf: 20. Oktober 2014.

Bauer, Raymond A. (1960). Consumer behavior as risk taking. *Dynamic Marketing for a Changing World*, 389-398. Chicago: American Marketing Assn.

Berekoven, Ludwig, Eckert, Werner, & Ellenrieder, Peter (2009). *Marktforschung: Methodische Grundlagen und praktische Anwendung.* Wiesbaden: Gabler Verlag.

Beverland, Michael (2001). Contextual influences and the adoption and practice of relationship selling in a business-to-business setting: An exploratory study. Journal of *Personal Selling & Sales Management*, 21(3), 207-215.

BEYS marketing & media GmbH (2014). Deutschtürken gezielt ansprechen. http://www.beys.de/ethnomarketing/deutschtuerken/, Letzter Abruf: 20. Oktober 2014.

Bray, James H., & Maxwell, Scott E. (1985). *Multivariate analysis of variance.* Beverly Hills, CA: Sage Publications.

Brown, Tom J., Mowen, John C., Donovan, D. Todd, & Licata, Jane W. (2002). The customer orientation of service workers: personality trait effects on self- and supervisor performance ratings. *Journal of Marketing Research*, 39, 110-119.

Bundesministerium für Bildung und Forschung (2013). Türkei wird Partner des Internationalen Wissenschaftsjahres 2014. *Pressemitteilung*, 121. Berlin.

Bundesministerium für Bildung und Forschung (2014). Türkisch-Deutsche Universität in Istanbul feierlich eröffnet. *Pressemitteilung*, 36. Berlin.

Bundeszentrale für politische Bildung (2011). Regelung der Vermittlung türkischer Arbeitnehmer nach der Bundesrepublik Deutschland. http://www.bpb.de/geschichte/deutsche -geschichte/anwerbeabkommen/43264/das-anwerbeabkommen, Letzter Abruf: 20. Oktober 2014.

Chudry, Farooq, & Pallister, John (2002). The importance of ethnicity as a segmentation criterion: the case of the Pakistani consumers' attitude towards direct mail compared with the indigenous population. *Journal of Consumer Behaviour,* 2(2), 125-137.

Cohen, Jacob (1988). *Statistical power analysis for the behavioural sciences.* Hillsdale, N.J.: Lawrence Erlbaum Associates.

Coşkun, Bilgen (2011). *Interaction of cultural and socioeconomic variables in targeting ethnic consumer groups: Empirical analysis of Turkish immigrant consumers, resident in Germany.* Stuttgart: Steinbeis-Ed.

Cui, Geng (2001). Marketing to Ethnic Minority Consumers: A Historical Journey (1932-1997). *Journal of Macromarketing,* 21(1), 23-31.

Cyert, Richard M., & March, James G. (1963). *A behavioral theory of the firm.* Englewood Cliffs, N.J.: Prentice-Hall.

Der Bundesminister für Arbeit und Sozialordnung (1962). Beruf und Arbeit. *Bundesarbeitsblatt,* 13(3), 69-71. Bonn.

Die Welt (2004). Wirtschaft: Deutschland ist zweitbeliebtes Einwanderungsland. http://www.welt.de/wirtschaft/article128223358/Deutschland-ist-zweitbeliebtestes-Einwanderungsland.html, Letzter Abruf: 20. Oktober 2014.

Dodds, William B., Monroe, Kent B., & Grewal, Dhruv (1991). Effects of price, brand and store information on buyer's product evaluations. *Journal of Marketing Research,* 28(3), 307-319.

Donovan, D. Todd, Brown, Tom J., & Mowen, John C. (2004). Internal benefits of service-worker customer-orientation: job satisfaction, commitment, and organizational citizenship behaviors. *Journal of Marketing,* 68, 128-146.

Dowling, Grahame R. (1986). Perceived risk: The concept and its measurement. *Psychology & Marketing,* 3(3), 193-210.

E-Plus Gruppe (2014). Über uns. http://eplus-gruppe.de/ueber-uns/, Letzter Abruf: 20. Oktober 2014.

Eschweiler, Maurice, Evanschitzky, Heiner, & Woisetschläger, David (2007). *Laborexperimente in der Marketingwissenschaft: Bestandsaufnahme und Leitfaden bei varianzanalytischen Auswertungen*. Münster: IAS.

Franke, George R., & Park, Jeong-Eun (2006). Salesperson adaptive selling behavior and customer orientation. *Journal of Marketing Research*, 43, 693-702.

Glaser, Wilhelm R. (1978). *Varianzanalyse*. Stuttgart: Gustav Fischer Verlag.

Grier, Sonya A., Brumbaugh, Anne M., & Thornton, Corliss G. (2006). Crossover Dreams: Consumer Responses to Ethnic-Oriented Products. *Journal of Marketing, 70(2)*, 35-51.

Hennig-Thurau, Thorsten, Groth, Markus, Paul, Michael, & Gremler, Dwayne D. (2006). Are all smiles created equal? How emotional contagion and emotional labor affect service relationships. *Journal of Marketing*, 70(3), 58-73.

Hofstede, Geert H. (1984). *Culture's consequences: International differences in work-related values*. Beverly Hills: Sage Publications.

Hofstede, Geert H. (2001). *Culture's consequences: Comparing values, behaviours, institutions, and organizations across nations*. Thousand Oaks, CA: Sage Publications.

Hofstede, Geert H., & Hofstede, Geert J. (2006). *Lokales Denken, globales Handeln: Interkulturelle Zusammenarbeit und globales Management*. München: Dt. Taschenbuch-Verl.

Hofstede, Geert H., Hofstede, Geert J., & Minkov, Michael (2010). *Cultures and organizations: Software of the mind.* Maidenhead: McGraw-Hill.

Holling, Heinz & Schmitz, Bernhard (2010). Handbuch Statistik, Methoden und Evaluation. *Handbuch der Psychologie, 13*. Göttingen: Hogrefe Verlag.

Homburg, Christian, Müller, Michael, & Klarmann, Martin (2011). When does salespeople's customer orientation lead to customer loyalty? The differential effects of relational and functional customer orientation. *Journal of the Academy of Marketing Science,* 39(6), 795-812.

Inkeles, Alex; & Levinson, Daniel J. (1969). National character: the study of modal personality and sociocultural systems. *The Handbook of Social Psychology*, 2(4), Reading MA: Addison-Wesley.

Jacoby, Jacob; & Kaplan, Leon B. (1972). The components of perceived risk. *SV - Proceedings of the Third Annual Conference of the Association for Consumer Research, eds. M. Venkatesan*. Chicago, IL: Association for Consumer Research, 382-393.

Janssen, Jürgen, & Laatz, Wilfried (2010). *Statistische Datenanalyse mit SPSS: Eine anwendungsorientierte Einführung in das Basissystem und das Modul Exakte Tests*. Berlin: Springer.

Jobber, David (2010). *Principles and practice of marketing*. London: McGraw-Hill.

Jones, Tim, Taylor, Shirley F.; & Bansal, Harvir S. (2008). Commitment to a friend, a service provider, or a service company – are they distinctions worth making? *Journal of the Academy of Marketing Science*, 36(4), 473-487.

Kotler, Philip; & Armstrong, Gary (2010). *Principles of marketing*. Upper Saddle River, N.J.: Prentice Hall.

Kuß, Alfred, & Eisend, Martin (2010). *Marktforschung: Grundlagen der Datenerhebung und Datenanalyse*. Wiesbaden: Gabler Verlag.

Laroche, Michel, Kim, Chankon, Hui, Michael K., & Tomiuk, Marc A. (1998). Test of A Nonlinear Relationship Between Linguistic Acculturation and Ethnic Identification. *Journal of Cross Cultural Psychology*, 29(3), 418-433.

Leng, Chan Y., & Botelho, Delane (2010). How does national culture impact on consumers' decision-making styles? A cross cultural study in Brazil, the United States and Japan. *BAR. Brazilian Administration Review*, 7(3), 260-275.

McFarland, Richard G., Challagalla, Goutam N., & Shervani, Tasadduq A. (2006). Influence tactics for effective adaptive selling. *Journal of Marketing*, 70, 103-117.

Minkov, Michael (2007). *What makes us different and similar: A new interpretation of the World Values Survey and other cross-cultural data*. Sofia: Klasika i Stil Publishing House.

Mulder, Mauk (1977). *The daily power game*. Leiden: Martinus Nijhoff Social Sciences Division.

Murray, Keith B. (1991). A test of services Marketing theory: Conusmer information acquisition activities. *Journal of Marketing*, 56, 10-25.

Musiolik, Thomas H. (2010). *Ethno-Marketing: Werbezielgruppen in der multikulturellen Gesellschaft*. Hamburg: Diplomica-Verlag.

Newman, Joseph W., & Staelin, Richard (1973). Information sources of durable goods. *Journal of Advertising Research*. 13(2), 19-29.

OECD (2014). Is migration really increasing? *Migration Policy Debates*.

Palumbo, Frederik A., & Teich, Ira (2004). Market segmentation based on level of acculturation. *Marketing Intelligence & Planning, 22(4)*, 472-484.

Pedhazur, Elazar J., & Schmelkin, Liora P. (1991). *Measurement, design, and analysis: An integrated approach*. Hillsdale, N.J.: Lawrence Erlbaum Associates.

Perdue, Barbara C., Summers, John O. (1986). Checking the success of manipulations in marketing experiments. *Journal of Marketing Research*, 23(4), 317-326.

Peter, Paul J., & Tarpey, Lawrence X. (1975). A comparative analysis of three consumer decision strategies. *Journal of Consumer Research,* 2(1), 29-37.

Peterson, Robert A., Albaum, Gerald, & Beltramini, Richard F. (1985). A meta-analysis of effect sizes in consumer behaviour experiments. *Journal of Consumer Research*, 12, 97-103.

Pires, Guilherme D., & Stanton, John (2005). *Ethnic marketing: Accepting the challenge of cultural diversity*. London: Thomson Learning.

Price, Linda & Arnould, Eric (1999). Commercial friendships: Service provider-client relationships in context. *Journal of Marketing*, 63, 38-56.

Puca, Rosa M., & Langens, Thomas A. (2002). Motivation. *Allgemeine Psychologie*, 223-269. Heidelberg.

Punnett, Betty J. (1994). *Experiencing international business and management*. Belmont, CA: Wadsworth Pub. Co.

Raithel, Jürgen (2006). *Quantitative Forschung: Ein Praxiskurs*. Wiesbaden: VS Verlag für Sozialwissenschaften.

Rennhak, Carsten, & Nufer, Gerd (Hrsg.), ESB Business School, Reutlingen University, Nufer, Gerd, & Müller, Felix. (2011). *Ethno-Marketing*. Universität Tübingen.

Rothlauf, Jürgen (2006). *Interkulturelles Management: Mit Beispielen aus Vietnam, China, Japan, Rußland und den Golfstaaten*. München: Oldenbourg.

Ryder, Andrew G., Alden, Lynn E., & Paulhus, Delroy L. (2000). Is acculturation unidimensional or bidimensional? A head-to-head comparison in the prediction of personality, self-identity, and adjustment. *Journal of Personality and Social Psychology*, 79(1), 49-65.

Schnell, Rainer, Hill, Paul Bernhard, & Esser, Elke (2008). *Methoden der empirischen Sozialforschung*. München: Oldenbourg.

Schwarz, Norbert, Strack, Fritz, Müller, Gesine & Chassein, Brigitte (1988). The range of response alternatives may determine the meaning of the question: Further evidence on informative functions of response alternatives. *Social Cognition*, 6(2), 107-117.

Sheth, Jagdish N. (1976). Buyer-seller interaction: A conceptual framework. *Proceedings of the Association for Consumer Research*. Cincinnati: Association for Consumer Research, 382-386.

Singh, Nitish, Kwon, Ik-Whan, & Pereira, Arun (2003). Cross-cultural consumer socialization: An exploratory study of socialization influences across three ethnic groups. *Psychology & Marketing*, 20(10), 867.

Statista (2014). Gesamtbevölkerung in den Mitgliedsstaaten der Europäischen Union im Jahr 2012 und Prognose für 2050 (in Millionen Einwohner). http://de.statista.com/statistik/daten/studie/164004/umfrage/prognostizierte-bevoelkerungsentwicklung-in-den-laendern-der-eu/, Letzter Abruf: 20. Oktober 2014.

Statistisches Bundesamt (2013). *Bevölkerung und Erwerbstätigkeit.* Fachserie 1, Reihe 2.2. Wiesbaden.

Stone, Robert N., & Grønhaug Kjell (1993). Perceived Risk: Further Considerations for the Marketing Discipline. *European Journal of Marketing, 27(*3), 39-50.

Süddeutsche.de (2010). "Bankamız" - Deutsche Bank lernt türkisch. http://www.sueddeutsche.de/geld/bankamiz-deutsche-bank-lernt-tuerkisch-1.765165, Letzter Abruf: 20. Oktober 2104.

Sweeney, Jillian C., Soutar, Geoffrey N., & Johnson, Lester W. (1999). The role of perceived risk in the quality-value relationship: A study in a retail environment. *Journal of Retailing*, 75(1), 77-105.

Taylor, James W. (1974). The role of risk in consumer behavior. *Journal of Marketing*, 38(2), 54-60.

The Hofstede Centre (2014). What about Germany? http://geert-hofstede.com/germany.html, Letzter Abruf: 20. Oktober 2014.

The Hofstede Centre (2014). What about Turkey? http://geert-hofstede.com/turkey.html, Letzter Abruf: 20. Oktober 2014.

Volkswagen AG (2014). Volkswagen spricht türkisch: Die Idee. http://www.volkswagen.de/de/servicezubehoer/volkswagen_spricht_tuerkisch/deutsch/DieIdee.html, Letzter Abruf: 20. Oktober 2014.

Woeltert, Franziska, Klingholz, Reiner, & Scholz, Jörg (2014). *Neue Potenziale: Zur Lage der Integration in Deutschland.* Berlin: Berlin Institut f. Bevölkerung u. Entwicklung /Berlin Institute for Population and Development.

World Values Survey (2014). What we do. http://www.worldvaluessurvey.org/WVS Contents.jsp, Letzter Abruf: 20. Oktober 2014.

MARKETING

Herausgegeben von Prof. Dr. Heribert Gierl, Augsburg, Prof. Dr. Roland Helm, Regensburg, Prof. Dr. Frank Huber, Mainz, und Prof. Dr. Henrik Sattler, Hamburg

Band 69
Frank Huber, Frederik Meyer und Cecile Czarnowski
Wirkung affektiver und funktionaler Reputation auf das emotionale Markenerleben – Eine empirische Analyse am Beispiel der Marke Abercrombie & Fitch
Lohmar – Köln 2014 • 128 S. • € 42,- (D) • ISBN 978-3-8441-0332-8

Band 70
Frank Huber, Eva Appelmann und Michael Lenzen
Pay-What-You-Want – Konsumentenmotive freiwilliger Zahlungen im Rahmen partizipativer Preismechanismen
Lohmar – Köln 2016 • 132 S. • € 43,- (D) • ISBN 978-3-8441-0448-6

Band 71
Frank Huber, Frederik Meyer, Julia Hamprecht und Jasmin Fabian
Adaption gesellschaftlicher Trends durch Markentransfers – Eine empirische Analyse zur Identifikation relevanter Stellhebel für die Imageaktualisierung
Lohmar – Köln 2016 • 180 S. • € 48,- (D) • ISBN 978-3-8441-0449-3

Band 72
Frank Huber, Anita Eisele und Lea Maria Demmer
Der ambivalente Konsument – Eine empirische Analyse zur Entstehung gemischter Gefühle im Kaufprozess
Lohmar – Köln 2016 • 132 S. • € 43,- (D) • ISBN 978-3-8441-0453-0

Band 73
Frank Huber, Cecile Kornmann und Elif Köksecen
Kulturbasierte Präferenzunterschiede im Kaufentscheidungsprozess – Eine vergleichende empirische Studie am Beispiel türkischstämmiger Migranten in Deutschland
Lohmar – Köln 2016 • 120 S. • € 42,- (D) • ISBN 978-3-8441-0454-7